Hans Bueren – Heinrich Großmann
Grenzflächenaktive Substanzen

Chemische Taschenbücher

14 Herausgegeben von
Wilhelm Foerst
und Helmut Grünewald

Hans Bueren – Heinrich Großmann

Grenzflächenaktive Substanzen

Verlag Chemie 1971

Hans Bueren / Heinrich Großmann
Chemische Werke Hüls AG, Marl

Dieses Buch enthält 64 Abbildungen und 27 Tabellen

ISBN 3 527 25334 3

Library of Congress Catalog Card Number: 70-153126

Copyright © 1971 by Verlag Chemie GmbH, Weinheim/Bergstr.
Alle Rechte, insbesondere die der Übersetzung in fremde Sprachen, vorbehalten. Kein Teil dieses Buches darf ohne schriftliche Genehmigung des Verlages in irgendeiner Form — durch Photokopie, Mikrofilm oder irgendein anderes Verfahren — reproduziert oder in eine von Maschinen, insbesondere von Datenverarbeitungsmaschinen, verwendbare Sprache übertragen oder übersetzt werden.

All rights reserved (including those of translation into foreign languages). No part of this book may be reproduced in any form — by photoprint, microfilm, or any other means — nor transmitted or translated into a machine language without written permission from the publishers.

Die Wiedergabe von Gebrauchsnamen, Handelsnamen, Warenbezeichnungen und dergl. in diesem Buch berechtigt nicht zu der Annahme, daß solche Namen ohne weiteres von jedermann benutzt werden dürfen. Vielmehr handelt es sich häufig um gesetzlich geschützte, eingetragene Warenzeichen, auch wenn sie nicht eigens gekennzeichnet sind.

Kaltsatz/Fotosatz: Hans Richarz, Niederpleis/Bonn.
Druck: Colordruck, Heidelberg
Umschlaggestaltung: Hanswalter Herrbold, Opladen

Printed in Germany

Über diese Reihe

Moderne Chemie läßt sich nicht mehr einfach als organische, anorganische und physikalische Chemie lehren und studieren. Einerseits sind die Grenzen zwischen diesen Gebieten fließend geworden, andererseits sind Nachbargebiete, vor allem aus den Bereichen der Medizin und der Biologie, hinzugekommen, die sich der Einordnung entziehen.

Dieser Vielfalt im Verlauf eines normalen Chemiestudiums gerecht zu werden, ist schwierig, denn an kaum einer Hochschule können alle wichtigen Teilgebiete in Spezialvorlesungen behandelt werden. Andererseits würde man vom Studenten, auch vom fortgeschrittenen, zu viel verlangen, sollte er umfangreiche Monographien lesen, wenn es ihm zunächst nur um eine erste Information geht.

Wir haben daher die Reihe „Chemische Taschenbücher" ins Leben gerufen, deren Bände gewissermaßen Fibeln sein sollen, die dem Leser die wichtigsten Fakten eines Gebietes vermitteln. Wer tiefer in ein Thema eindringen will, kann das anhand der zitierten Literatur tun.

Die Reihe „Chemische Taschenbücher" ist dazu bestimmt, im Anschluß an die Grundlehrbücher gelesen zu werden. Sie soll das dort gesammelte Wissen erweitern und vertiefen und den Leser bis an den neuesten Stand eines Gebietes heranführen. Es ist geplant, im Laufe der Jahre alle wichtigen Teilgebiete zu behandeln, so daß schließlich eine Art Enzyklopädie der modernen Chemie in deutscher Sprache entsteht.

Die Herausgeber

Über dieses Buch

Die Bedeutung und Unentbehrlichkeit von grenzflächenaktiven Substanzen auf allen Gebieten des täglichen Lebens ist allgemein bekannt. Sie spiegelt sich wieder in zahlreichen Fachbüchern größeren oder geringeren Umfangs, in einer großen Anzahl von Zeitschriften des In- und Auslandes und in unzähligen Patentschriften.

In Anbetracht des großen Umfanges der Literatur auf diesem Gebiet ist es nicht leicht, sich in kurzer Zeit über Herstellung, Eigenschaften, Anwendung und Analytik der grenz- oder oberflächenaktiven Substanzen einen Überblick zu verschaffen oder sich über Ausschnitte aus diesem großen Sachgebiet zu informieren.

Es erschien uns daher zweckmäßig, dadurch eine Lücke zu schließen, daß wir mit dem vorliegenden Taschenbuch einen Extrakt des in der Fachliteratur weit verstreuten Wissenstoffes erarbeiteten, der die wesentlichen Ergebnisse berücksichtigt. Natürlich kann das Taschenbuch keinen Anspruch auf Vollständigkeit erheben. Ein sehr umfangreiches, jedem Einzelkapitel nachgeordnetes Literaturverzeichnis ermöglicht es jedoch, Abhandlungen, welche besondere Aspekte der grenzflächenaktiven Substanzen betreffen, leicht aufzufinden.

Die Konzeption des Taschenbuches wurde wesentlich durch die Unterstützung ermöglicht, welche uns von Sachbearbeitern der Chemischen Werke Hüls zuteil wurde. Stellvertretend möchten wir Dr. J. Amende erwähnen und ihm für viele Anregungen danken.

Wir danken allen Verlagen, die uns erlaubt haben, Tabellen oder Abbildungen aus ihren Büchern zu verwenden.

Marl, November 1970 H. Bueren
H. Großmann

Inhaltsverzeichnis

1.	**Einleitung**	1
2.	**Geschichtlicher Überlick über die Entwicklung von grenzflächenaktiven Substanzen**	3
2.1.	Literatur	9
3.	**Wirtschaftliche Bedeutung der grenzflächenaktiven Substanzen**	11
3.1.	Literatur	12
4.	**Physiko-chemische Grundlagen der Grenzflächenaktivität**	13
4.1.	Wirkungen der Tenside auf Grenzflächen	13
4.2.	Haupteffekte der grenzflächenaktiven Substanzen beim Wasch- und Reinigungsvorgang	24
4.3.	Literatur	33
5.	**Chemische Zusammensetzung der grenzflächenaktiven Substanzen**	35
5.1.	Alkylbenzolsulfonate	35
5.1.1.	Sulfonierung von Alkylbenzolen	39
5.1.2.	Eigenschaften und Verwendung d. Alkylbenzolsulfonate	45
5.1.3.	Literatur	50
5.2.	Alkylnaphtalinsulfonate	51
5.3.	Alkansulfonate	52
5.3.1.	Alkensulfonate und Hydroxyalkansulfonate	63
5.3.2.	Acyloxyalkansulfonate	68
5.3.3.	Sulfobernsteinsäureester	69
5.3.4.	Acylaminoalkansulfonate (Tauride)	70
5.4.	Alkylsulfate (Fettalkoholsulfate)	72
5.4.1.	Alkylsulfate aus Olefinen	74
5.4.2.	Sulfate substituierter Polyglykoläther (Äthersulfate)	76
5.4.2.1.	Sulfatierte Fettalkohol-Äthylenoxid-Addukte	80
5.4.2.2.	Sulfatierte Alkylphenol-Äthylenoxid-Addukte	81
5.4.3.	Literatur	82

5.5.	Nichtionogene Tenside	83
5.5.1.	Polyglykoläther (Äthylenoxidaddukte)	83
5.5.2.	Alkyl-polyglykoläther	87
5.5.3.	Alkylphenol-polyglykoläther	94
5.5.4.	Acyl-polyglykoläther	95
5.5.5.	Hydroxyalkyl-Fettsäureamide und ihre Äthylenoxid-Addukte	96
5.5.6.	Fettamin-Polyglykoläther	98
5.5.7.	Polyadditionsprodukte aus Äthylenoxid und Propylenoxid	98
5.5.8.	Aminoxide	101
5.5.9.	Sulfoxide und Phosphinoxide	104
5.5.10.	Nichtionogene Tenside auf Mono- und Polysacharid-Basis	105
5.5.11.	Literatur	106
5.6.	Carboxylate	107
5.6.1.	K- und Na-Seifen	109
5.6.2.	Seifen des Ammoniaks und der organischen Basen	110
5.6.3.	Kombination von Carboxylaten und synthetischen oberflächenaktiven Stoffen	112
5.6.4.	Literatur	112
5.7.	Kationaktive Verbindungen	112
5.7.1.	Amin-Verbindungen	114
5.7.2.	Onium-Verbindungen	115
5.7.3.	Literatur	116
5.8.	Ampholyte (Amphotenside)	117
5.8.1.	Literatur	121
6.	**Analytik der grenzflächenaktiven Substanzen**	**123**
6.1.	Qualitative Methoden	123
6.1.1.	Aniontenside	123
6.1.2.	Kationtenside	124
6.1.3.	Nichtionogene Tenside	124
6.1.4.	Analysentrennungsgang der Tenside	124
6.2.	Quantitative Methoden	127
6.2.1.	Chemische Methoden	127
6.2.2.	Physikalische Methoden	131

6.3.	Spezielle Trennmethoden für Gemische	132
6.3.1.	Adsorptionschromatographie	132
6.3.2.	Verteilungschromatographie	132
6.3.3.	Ionenaustausch	134
6.4.	Gebrauchswertbestimmungen	136
6.4.1.	Farbmessung	136
6.4.2.	Hartwasserbeständigkeit (DIN 53 905)	137
6.4.3.	Trübungspunkt (DIN 53 917)	137
6.4.4.	Klarschmelzpunkt	138
6.4.5.	Viskosität, Plastizität	138
6.4.6.	Gelierungstemperatur	139
6.4.7.	Lagerungsverhalten	139
6.4.8.	Wasch- und Reinigungsvermögen	139
6.4.9.	Schaumvermögen (DIN 53 902)	140
6.4.10.	Netzvermögen (DIN 53 901)	141
6.5.	Literatur	141
7.	**Biologischer Abbau grenzflächenaktiver Substanzen**	**145**
7.1.	Detergentiengesetz	145
7.2.	Konstitution und Abbaubarkeit	146
7.2.1.	Anionaktive Waschrohstoffe	146
7.2.2.	Nichtionogene Waschrohstoffe	149
7.3.	Fischverträglichkeit	150
7.4.	Literatur	151
8.	**Technische Anwendung der grenzflächenaktiven Verbindungen**	**153**
8.1.	Wasch- und Reinigungsmittel	153
8.2.	Textilhilfsmittel	160
8.2.1.	Vorreinigung von Rohfasern	160
8.2.2.	Schmälzen	161
8.2.3.	Schlichten	161
8.2.4.	Walken	162
8.2.5.	Bleichen	162
8.2.6.	Mercerisieren und Laugieren	162

8.2.7.	Carbonisieren	163
8.2.8.	Präparieren	163
8.2.9.	Textilweichmacher	163
8.2.10.	Textilausrüstung	164
8.2.11.	Färben	164
8.2.12.	Zeugdruck	165
8.2.13.	Chemische Reinigung	165
8.2.14.	Viskose-Herstellung	166
8.3.	Lederindustrie	166
8.4.	Kosmetik	167
8.5.	Kunststoffindustrie	170
8.6.	Metallbearbeitung	172
8.7.	Galvanotechnik	173
8.7.1.	Entfetten, Reinigen, Beizen	173
8.7.2.	Netzmittel in Galvanisierbädern	173
8.8.	Flotation	174
8.9.	Korrosion und Metallschutz, Schmieröle, Erdöl	175
8.10.	Papierindustrie	177
8.11.	Klebstoffe	177
8.12.	Pflanzenschutz, Schädlingsbekämpfung und Landwirtschaft	178
8.13.	Lebensmittel	179
8.14.	Photoindustrie	180
8.15.	Desinfektion	180
8.16.	Bauhilfsstoffe-Bergbau	180
8.17.	Brandbekämpfung	182
8.18.	Sonstige Anwendungen grenzflächenaktiver Substanzen	182
8.19.	Aussichten für die weitere Entwicklung der Tenside	182
8.20.	Literatur	184
9.	**Sachregister**	189

1. Zur Einleitung

Sehr viele Vorgänge sowohl in der Natur als auch in der Technik verlaufen an Grenzflächen zwischen nicht mischbaren Phasen. Da die Herstellung eines innigen Kontaktes zwischen den Phasen zu einer wirksamen Erleichterung und Beschleunigung der angestrebten Wechselwirkungen führt, sind Tenside[*] auf allen Gebieten des täglichen Lebens und besonders auch in der Technik nützliche Hilfsmittel. Ihre Anwendung kann vielfach herkömmliche Arbeitsprozesse verbessern, vereinfachen und verbilligen oder auch ganz neue Technologien ermöglichen. Den Tensiden kommt daher eine große wirtschaftliche Bedeutung zu, insbesondere deshalb, weil meist mit kleinen Substanzmengen sehr beträchtliche Wirkungen erzielt werden.

Das charakteristische Merkmal aller Tenside ist ihre Grenzflächenaktivität. In einer Flüssigkeit gelöst, erniedrigen sie deren Grenzflächenspannung. Zu dieser Wirkung werden sie durch ihren molekularen Aufbau befähigt, der getrennte Bereiche mit hydrophoben und hydrophilen Charakter aufweist und dessen Prototyp das Seifenmolekül ist. Die amphipatische[**] Konstitution der Tensidmoleküle ist die Ursache dafür, daß sie an Phasengrenzen eine orientierte Adsorption erfahren und durch Spreitung an Grenzflächen molekulare Filme bilden.

Die Grenzflächenaktivität tritt auffällig an wässrigen Tensidlösungen in Erscheinung, da Wasser eine relativ hohe Oberflächen- und Grenzflächenspannung hat, die einer Vergrößerung seiner Grenzflächen entgegenwirkt. Wird die Grenzflächenspannung durch ein gelöstes Tensid herabgesetzt, so ist der Energiebedarf zur Ausweitung der wässrigen Grenzfläche vermindert und die Neubildung von Grenzflächen erleichtert, was ein leichtes Benetzen, Schäumen und Emulgieren oder Dispergieren der Lösung zur Folge hat. Bemerkenswert ist dabei, daß zum Hervorbringen dieser Phänomene meist nur so viel Substanz erforderlich ist, daß die Grenzfläche in monomolekularer Schicht bedeckt werden kann. Im Inneren des Lösungsvolumens einer Tensidlösung assoziieren oberhalb der kritischen Micellkonzentration die Tensidmoleküle oder -ionen zu Micellen (s. Abschnitt 4.1). Diese können zahlreiche normalerweise unlösliche Substanzen in ihren Verband aufnehmen und sie dadurch praktisch in Lösung bringen.

---

[*] Bezeichnung für die Gesamtheit der oberflächenaktiven Substanzen auf Vorschlag von E. Götte, Fette, Seifen, Anstrichmittel 62, 789 (1960).
[**] G. S. Hartley: Aqueous Solutions of Paraffin Chain Salts. Hermann, Paris 1936: Bezeichnung für die Eigenschaft oberflächenaktiver Verbindungen, die sowohl Gruppen mit einer Sympathie als auch solche mit einer Antipathie zum Lösungsmittel aufweisen.

2. Geschichtlicher Überblick

Die Geschichte der oberflächenaktiven Substanzen, die heute auch als Tenside (von lat. tensio = Spannung hergeleitet, d. h. die Grenz- oder Oberflächenspannung herabsetzend) bezeichnet werden, beginnt mit der Seife. Sie ist, wie Levey[1] nachwies, schon den Sumerern um 2500 v. Chr. bekannt gewesen. Man hat beschriftete Tontäfelchen gefunden, deren Text die Herstellung von Seife aus Öl und Pottasche zum Gegenstand hatte. Es steht jedoch fest, daß die Seife durch Jahrtausende nur als Kosmetikum und als Heilmittel verwandt wurde. Ihre Laufbahn als Waschmittel und die Ausnutzung ihrer oberflächenaktiven Eigenschaften begann erst vor etwa 1000 Jahren. Sie blieb auch dann noch lange ein Luxusartikel. Erst die Erfindung der Herstellung von Soda nach dem Leblanc- und Solvay-Prozeß ermöglichte es, die Seife auch breiteren Schichten zugänglich zu machen.

Damit begann auch ein systematisches Studium der Eigenschaften und der Möglichkeiten zur Gewinnung grenzflächenaktiver Stoffe. Man erkannte bald, daß die Voraussetzung für die Grenzflächenaktivität ein asymmetrischer Bau des Tensidmoleküls ist, das aus einem wasserabweisenden (hydrophoben) und aus einem wasserfreundlichen, die Wasserlöslichkeit bewirkenden (hydrophilen) Teil bestehen muß. Bei der Seife dient als hydrophobe Gruppe ein längerer, normaler aliphatischer Kohlenwasserstoffrest, als hydrophile Gruppe die Carboxylgruppe in Form ihrer Alkalimetallsalze.

Abb. 1. Hydrophiler und hydrophober Teil einer oberflächenaktiven Substanz (schematisch).

Bei den Bemühungen der Chemie, diese beiden Gruppen zu variieren, um zu neuen Tensiden mit verbesserten Eigenschaften zu kommen, wurden u. a. folgende Möglichkeiten ausgenutzt:

Änderung der hydrophilen Gruppe,
Änderung der hydrophoben Gruppe,
Änderung der Stellung der hydrophilen Gruppe innerhalb des hydrophoben Molekülteils.

Zuerst gelang die Darstellung sulfatierter Produkte. Den ersten Anstoß dazu gab das in der Färberei zu Anfang des vorigen Jahrhunderts viel benutzte Türkischrotöl, dessen wirksamer Bestandteil das durch Einwirkung von Schwefelsäure auf Ricinolsäure entstehende „Ricinolsäuresulfat" ist. Es wurde um 1830 von dem Engländer Mercer und dem Deutschen Runge dargestellt und in seiner Konstitution aufgeklärt und dient noch heute als Färbe- und Appreturöl.

$$H_3C-(CH_2)_5-\underset{\underset{OSO_3Na}{|}}{CH}-CH_2-CH=CH-(CH_2)_7-COONa$$

Sulfatierung. Etwa seit 1910 war man bemüht, durch Blockierung der Carboxylgruppe Tenside mit Sulfatrest als allein wirksamer funktioneller Gruppe zu entwickeln. Die Blockierung der Carboxylgruppe gelang durch Veresterung oder Amidierung. Es waren dies die Esteröle der Böhme-Fettchemie und die Amidöle der IG-Farbenindustrie, Produkte, welche zwar kein ausgeprägtes Waschvermögen, aber ein gutes Netzvermögen bei ausreichender Härtebeständigkeit besitzen.

$$H_3C-(CH_2)_5-\underset{\underset{OSO_3Na}{|}}{CH}-CH_2-CH=CH-(CH_2)_7-COOC_4H_9$$

$$H_3C-(CH_2)_5-\underset{\underset{OSO_3Na}{|}}{CH}-CH_2-CH=CH-(CH_2)_7-CONR_2$$

Der völlige Verzicht auf die Carboxylgruppe sowie die Sulfatierung von Fettalkoholen gehen auf Arbeiten von Bertsch et al. bei der Böhme-Fettchemie, Chemnitz, zurück. Damals erwies sich jedoch die Beschaffung der erforderlichen Fettalkohole als recht schwierig, nachdem man schon erkannt hatte, daß die wegen ihrer besseren Löslichkeit besonders interessierenden C_{12}- und C_{14}-Alkohole die wertvollsten Fettalkoholsulfate (n-Alkylsulfate) lieferten.

Erst die Erfindung der katalytischen Druckhydrierung von Fettsäuren durch Schrauth (1928) bei den Deutschen Hydrierwerken half aus dieser Notlage.

Die so gewonnenen Fettalkoholsulfate wurden von der Böhme-Fettchemie 1925 als erste synthetische Tenside für den Verbrauch im Haushalt auf den Markt gebracht.

Inzwischen sind die für Fettalkoholsulfate brauchbaren Alkohole durch weitere Verfahren zugänglich geworden, zunächst seit 1935 durch die Oxo-Synthese der

2. Geschichtlicher Überblick

Ruhrchemie AG (Roelen), die katalytische Anlagerung von CO und H_2 an Olefine mit endständiger oder mittelständiger Doppelbindung[2], wobei jedoch neben endständigen Alkoholen auch 2-methylverzweigte entstehen.

Als weiteres technisches Verfahren ist die Synthese nach Ziegler zu nennen, welche von Trialkylaluminiumverbindungen ausgehend durch Anlagerung von Äthylen zu höhermolekularen primären Alkoholen führt.

$$(C_2H_5)_3Al + 3n\ CH_2{=}CH_2 \longrightarrow [C_2H_5{-}(CH_2{-}CH_2)_n]_3Al$$

$$\xrightarrow{Luft} [C_2H_5{-}(CH_2{-}CH_2)_n{-}O]_3Al \xrightarrow{H_2O}$$

$$C_2H_5{-}(CH_2{-}CH_2)_{n-1}CH_2{-}CH_2OH$$

Mit der Verdrängungsmethode kann man aus den Trialkylaluminiumverbindungen auch längerkettige 1-Olefine gewinnen, die ebenfalls wertvolle Rohstoffe sind.

Direkte Sulfonierung von Kohlenwasserstoffen. Tenside von etwas geringerer Waschwirkung wurden zuerst von Reed[3] durch Sulfochlorierung normaler, geradkettiger Paraffinfraktionen mit 12–15 C-Atomen, d. h. durch Behandlung der Kohlenwasserstoffe mit Schwefeldioxid und Chlor unter UV-Bestrahlung gewonnen. Es entstehen zunächst Alkansulfonylchloride, welche durch Verseifung Sulfonate bilden, so daß die Sulfonsäuregruppe statistisch über die Kette verteilt ist.

Kohlenwasserstoff	$\xrightarrow{+SO_2+Cl_2}$ (Licht) (−HCl)	SO_2Cl sek. Sulfonylchlorid	$\xrightarrow{Verseifung}$	SO_3Na sek. Alkansulfonat

Diese sek. Alkansulfonate sind im 2. Weltkrieg als Mersolate der IG-Farbenindustrie sehr bekannt geworden und haben auch heute noch eine gewisse technische Bedeutung.

Von den Farbwerken Hoechst[4] wurde das Verfahren der Sulfoxidation entwickelt. Man arbeitet ohne Chlor mit SO_2 und Sauerstoff. Bei Esso wird mit ^{60}Co anstelle von Licht bestrahlt[5].

Alkylarensulfonate. Das erste Erzeugnis dieser heute sehr bedeutenden Gruppe anionaktiver Tenside waren die unter dem Namen „Nekal" in den Handel gebrachten Alkylnaphthalinsulfonate. Als erstes konnte das Natriumdiisopropylnaphthalinsulfonat dargestellt werden[6]. Die Nekale sind jedoch keine ausgesprochenen Waschmittel; sie wurden damals vor allem als Netzmittel propagiert.

Alkylbenzolsulfonate mit ausgesprochen gutem Waschvermögen wurden 1936 etwa gleichzeitig von Flett bei der National Aniline[7] und von der IG-Farbenindustrie[8] entwickelt. Das erste Produkt dieser Art mit einem C_{12}- bis C_{14}-n-Alkyl-Rest wurde von der National Aniline & Chemical Corporation unter der Bezeichnung „Nacconol NR" in den Handel gebracht. Zur Herstellung dieser Verbindungen wurden geradkettige Kerosin-Fraktionen monochloriert und durch Friedel-Crafts-Reaktion mit Benzol kondensiert. Um aus den Alkylbenzolen die Alkylbenzolsulfonate zu gewinnen, sulfonierte man mit Oleum oder mit SO_3 und neutralisierte anschließend.

Mit der schnellen Ausbreitung der Petrochemie wurde ein neuer, definierter, billiger Rohstoff, das durch Polymerisation von Propylen leicht zugängliche Tetrapropylen, verfügbar.

Die Anlagerung an Benzol zum „Tetrapropylenbenzol" in Gegenwart von Aluminiumchlorid oder HF als Katalysator wurde bis 1959 in größtem Umfang vorgenommen, so daß zu jener Zeit ca. 65 % des gesamten Bedarfs der westlichen Hemisphäre an synthetischen Waschrohstoffen durch Tetrapropylenbenzolsulfonate gedeckt wurden.

Erst um diese Zeit wurde man auf die Verschmutzung der Bäche und Flußläufe aufmerksam, die von einem starken Schäumen an Wehren, Schleusen, Häfen usw. in Gegenwart von Eiweißstoffen begleitet war. Man erkannte als Ursache den unzureichenden biologischen Abbau der im Abwasser gelösten Alkylbenzolsulfonate mit stark verzweigten Alkylresten. Diese allgemein beanstandeten Mißstände machten die Suche nach wirtschaftlicheren Verfahren zur Herstellung von möglichst geradkettigen und daher leicht abbaubaren Alkylbenzolen erforderlich.

Eine Trennung der unverzweigten Paraffine von den verzweigten Isomeren wird durch die Eigenschaft des Harnstoffs ermöglicht, bei Berührung mit additionswilligen Substanzen Kanäle zu bilden, die bei einer Weite von 5,5 Å nur das nichtverzweigte Isomere unter Wärmeentwicklung einschließen und es bei geringer Temperaturerhöhung wieder freigeben. Dieses Verfahren findet großtechnische Anwendung, so z. B. bei der Shell Oil Co.[8a].

Später fand Barrer[9], daß natürliche Zeolithe wie Chabasit und Analcim sowie analoge synthetische Produkte ein von Kanälen mit 5–6 Å Durchmesser durch-

2. Geschichtlicher Überblick

zogenes Gefüge aufweisen, das zur selektiven Sorption unverzweigter Moleküle entsprechenden Durchmessers benutzt werden kann, beträgt doch der Durchmesser der Paraffine im Mittel < 5 Å, der der Isoparaffine, Cycloalkane und Aromaten mehr als 5 Å, so daß die linearen Kohlenwasserstoffe in die Hohlräume des Molekularsiebs eindringen und zurückgehalten werden.

Zur Desorption der Alkane von den Molekularsieben dienen Erhitzen, Druckänderung oder Extraktion mit niedrigsiedenden Kohlenwasserstoffen.

Das bekannteste, großtechnische Molekularsiebverfahren[10], der Iso-Siv-Prozeß der Linde Co. (Division of Union Carbide), führt Adsorption und Desorption in der Gasphase durch. Das Molex-Verfahren der Universal Oil Products Co. arbeitet in flüssiger Phase.

Nichtionogene Tenside. Die charakteristische Eigenschaft der bisher besprochenen oberflächenaktiven Tenside ist die Dissoziation in Ionen beim Lösen in Wasser. Träger der Grenzflächenaktivität und der Waschwirkung ist das Anion, wodurch die Bezeichnung ionogene, anionaktive Tenside begründet ist. Wegen ihrer begrenzten technischen Bedeutung kann auf eine Besprechung der kationaktiven Produkte in diesem Zusammenhang verzichtet werden.

Eine entscheidende Erweiterung des Gebietes der Tenside brachte 1930 die Beobachtung Schöllers in der BASF, daß durch Anlagerung von Äthylenoxid an Verbindungen mit reaktionsfähigen Gruppen wie $-OH$, $-SH$, $-CONH_2$, $-NH_2$ oder $-COOH$ wasserlösliche Tenside gebildet werden.

Die Wasserlöslichkeit wird durch Anhäufung der Äthergruppen in den entstandenen Polyglykoläthern bewirkt, da jede Ätherbindung imstande ist, Wasser anzulagern. Hierbei kommt es zu einer starken Hydratation, die bei höherer Temperatur wieder verschwindet.

$$C_{12}H_{25}-O-CH_2-CH_2-O-(CH_2-CH_2-O)_4-CH_2-CH_2OH$$

$$-CH_2-O-CH_2-$$
$$+H_2O \updownarrow \; \Delta, -H_2O$$
$$-CH_2-O-CH_2-$$
$$\vdots$$
$$H-O-H$$

Nach dieser Vorstellung wird es verständlich, warum Äthylenoxid-Addukte entgegen den sonstigen Regeln bei höherer Temperatur unlöslich werden und sich ausscheiden, beim Abkühlen aber wieder in Lösung gehen. Die Polyglykolkette ist somit der hydrophile Teil des Moleküls. Da in Wasser keine Ionen gebildet werden, nennt man diese Tenside nichtionogen.

Da man sowohl den hydrophoben Teil als auch die Anzahl der angelagerten Äthylenoxidmoleküle weitgehend variieren kann, hat das neue Prinzip zu zahllosen wertvollen Netz-, Wasch-, Egalisier- und Emulgiermitteln geführt. Die „Oxid-Anlagerung" kann durch Mitverwendung von Propylenoxid, dessen Polyätherbindung hydrophob ist, auf mannigfaltige Weise erweitert werden.

Die weitere Entwicklung der Tenside ist abhängig von den Rohstoffbeschaffungsmöglichkeiten, den Rohstoffpreisen sowie der technischen Durchführbarkeit und Wirtschaftlichkeit der Verfahren. Sie dürften auch darüber entscheiden, welche Gruppe von Tensiden in Zukunft vorherrschen wird. Große Aussichten dürften den nichtionogenen Tensiden zukommen.

Interessant sind auch makromolekulare Tensid-Typen, von denen die Klasse der Propylenoxid-Äthylenoxid-Blockpolymeren bereits auf mehreren Gebieten unter der Firmenbezeichnung „Pluronics" von der Wyandotte Chemicals Corp. eingesetzt werden. Sie zeichnen sich durch geringe Schaumwirkung und gutes Dispergiervermögen aus[11].

Nach Guenther und Victor[12] sollen die chemisch sehr beständigen Tenside mit Perfluoralkylgruppen eine wesentlich höhere Oberflächenaktivität haben als die bekannten grenzflächenaktiven Stoffe.

Zahlreiche wasserlösliche anionische, kationische und nichtionogene Derivate von Perfluoralkansulfon- und -carbonsäuren sind von Minnesota Mining and Manufacturing Co. hergestellt worden, z. B.

$$C_8F_{17}\text{-}SO_2\text{-}\underset{|}{N}\text{-}(CH_2\text{-}CH_2O)_nH \qquad C_8F_{17}\text{-}SO_2\text{-}\underset{|}{N}\text{-}C_2H_4N(C_2H_5)_2$$
$$\overset{R}{} \qquad\qquad\qquad\qquad\qquad\qquad \overset{H}{}$$

$$C_8F_{17}\text{-}SO_2\text{-}\underset{|}{N}\text{-}C_2H_4\text{-}OSO_3H \qquad C_8F_{17}\text{-}SO_2\text{-}\underset{|}{N}\text{-}(CH_2)_3\text{-}N(CH_3)_2$$
$$\overset{R}{} \qquad\qquad\qquad\qquad\qquad\qquad \overset{H}{}$$

Zu den bemerkenswerten Eigenschaften der Fluortenside gehört ferner ihre wasser- und ölabweisende Wirkung. Die fluorierten Tenside sind jedoch vorerst noch sehr teuer und auf spezielle Anwendungsfälle beschränkt.

Der Einbau von Silicium in den hydrophoben Teil eines Tensidmoleküls führt zu Substanzen, die z. B. als Emulgatoren für Siliconöle geeignet sind[13]. Es wird auch über gesteigerte Grenzflächenaktivität amphipatischer Verbindungen mit Titan als Zentralatom berichtet.

2.1. Literatur

1) M. Levey, Soap Chem. Specialties 1957, Nr. 12, S. 53.
2) O. Roelen, Angew. Chem. *60*, 62 (1948).
3) C. F. Reed, US-Pat. 2 174 110 (1934), Anoka, Minn. USA.
4) Farbwerke Hoechst, DRP 735 096 (1944); Chem. Abstr. *38*, 1249^9 (1944).
5) Esso AG, DAS 1 206 890 (1959); Tenside *3*, 89 (1966).
6) F. Günther, DRP 336 558 (1925); IG Farbenindustrie.
7) L. H. Flett, US-Pat. 2 196 985 (1939), National Aniline and Chem. Corp.; Chem. Abstr. *33*, 5571^8 (1939).
8) I. G. Farbenindustrie, DRP 647 988 (1936); Chem. Zbl. *1937*, II, 4423.
8a) Ullmanns Encyklopädie der technischen Chemie. 3. Aufl., Urban u. Schwarzenberg, München 1955, Bd. 6, S. 253; E. Weingaertner, Erdöl Kohle-Erdgas-Petrochem. *14*, 910 (1961).
9) R. M. Barrer, US-Pat. 2 306 610 (1942); Chem. Abstr. *37*, 3103^6 (1943).
10) P. W. Sherwood, Brennstoffchemie *40*, 354 (1959); G. I. Greismer, Erdöl u. Kohle *13*, 650 (1960); D. B. Carson u. D. B. Boughton, Petroleum Refiner *38*, (4), 140 (1959).
11) T. H. Vaughn et al., J. Amer. Oil Chemist's Soc. *28*, 294 (1951); *29*, 240 (1952).
12) R. A. Guenther u. M. L. Victor, Ind. Engng. Chem. Prod. Res. Devel. Div. *1*, 165 (1962).
13) K. Meguro u. M. Ochi, IV. Int. Kongress für grenzflächenaktive Stoffe, Brüssel 1964, Gordon and Breach, Sci. Publ., London 1968, Bd. 1, S. 199; Tenside *1*, 62 (1964).

3. Wirtschaftliche Bedeutung der Tenside

Bei Betrachtung der wirtschaftlichen Bedeutung der Tenside wird meist zwischen Seifen und synthetischen Tensiden unterschieden. Im Weltmaßstab gesehen stehen zwar Fettsäureseifen in Produktion und Verbrauch an der Spitze, da vor allem die weniger industrialisierten Länder noch sehr auf die Verwendung von Seife angewiesen sind. In den Industriestaaten haben indessen die synthetischen Tenside die Seifen schon lange überflügelt. Die Entwicklung synthetischer Tenside hat nach dem 2. Weltkrieg einen enormen Aufschwung genommen. So stieg die Produktion von Waschmitteln auf Basis synthetischer waschaktiver Stoffe von 1939–1958 von 10000 t auf 2,8 Mio t, d. h. auf das 300-fache an[1]. Seitdem ist die Produktion weiter gestiegen (Tabelle 1). Leider fehlen vollständige Unterlagen über die Aufteilung der Gesamt-Produktion an synthetischen Tensiden auf die einzelnen Verbrauchergruppen. Wasch- und Reinigungsmittel verbrauchen mehr als die Hälfte der Erzeugung. Der Einsatz in der Erdölindustrie erreicht in USA fast 20 % des Gesamtverbrauches. Wie sich der Anteil der anionaktiven, nichtionogenen und kationaktiven Tenside auf die Tensid-Produktion der Jahre 1965, 1966 und 1967 verteilt, ist in Tabelle 2 zusammengestellt.

Tabelle 1. Regionale Aufgliederung der Welt-Tensid-Produktion[1].

	1965 (1000 t)	1966 (1000 t)	1967 (1000 t)
USA	1041	1070	1140
Kanada	45	48	50
Westeuropa	633	674	740
EWG	398	424	470
EFTA	215	225	240
Übrige Länder	20	25	30
Osteuropa	145	160	220
Japan	262	310	340
Sonstige Länder	104	123	150
Insgesamt	2230	2385	2640

3. Wirtschaftliche Bedeutung der Tenside

Tabelle 2. Anteil der Tensid-Gruppen an der Welt-Tensid-Produktion[2].

	1965 (%)	1966 (%)	1967 (%)
anionaktiv	70,8	67,5	65,8
kationaktiv	5,0	6,3	7,0
nichtionogen	24,0	26,0	27,0
	0,2	0,2	0,2
insgesamt:	100	100	100
Zuwachs		6,5	10,7

1962 entfielen 75 % der Weltproduktion an anionaktiven Tensiden auf Alkylarensulfonate = 1,5 Mio t. Infolge der zunehmenden Ausweitung der Anwendungsgebiete ändern sich die Verhältnisse ständig.

3.1. Literatur

1) Chem. Ind. *1960*, 405.
2) Chem. Ind. *1968*, 458.

4. Physiko-chemische Grundlagen der Grenzflächenaktivität

4.1. Wirkungen der Tenside auf Grenzflächen

Wichtigstes Merkmal der Tenside ist ihre Fähigkeit, sich in der Oberfläche von Lösungen anzureichern und deren Oberflächenspannung zu erniedrigen. Unumgängliche Voraussetzung dafür ist, daß das Tensidmolekül amphipathische, räumlich voneinander getrennte Gruppen aufweist. Daher ist das Feld der Wechselwirkungskräfte nicht symmetrisch, sondern weitgehend einseitig deformiert. Tensidmoleküle reichern sich stets dort an, wo ähnliche Gradienten vorliegen, also an der Grenzfläche flüssig/fest oder flüssig/flüssig und an den Oberflächen flüssig/gasförmig der Lösungen. Die Anreicherung der Tensidmoleküle tritt nur ein, wenn mit ihr eine Erniedrigung der freien Grenzflächenenergie parallel geht. Somit ist die Oberflächenaktivität einer Substanz auch vom Lösungsmittel abhängig. So kann ein Stoff, der in Wasser oberflächenaktiv ist, in einer Flüssigkeit mit kleiner Oberflächenspannung inaktiv sein (Messung der Oberflächenspannung s. Abschnitt 6).

Bei steigender Tensid-Konzentration sinkt die Oberflächenspannung stetig und bleibt ab einer für jedes Tensid charakteristischen Konzentration c_k, der *kritischen Micellbildungskonzentration,* annähernd konstant.

Die Erniedrigung der Oberflächenspannung des Wassers durch Tenside ist, wie schon erwähnt, eine Funktion ihrer Konstitution. Die Glieder einer homologen Reihe setzen die Oberflächenspannung um so mehr herab, je länger die Kohlenstoffkette wird. Dies ist die Aussage der *Traubeschen Regel,* welche praktisch zur Folge hat, daß man, um gleiche Oberflächenspannung zu erreichen, ca. 1/3 der Menge der nächsthöheren Fettsäure als Alkalisalz zu lösen hat. Eine Abnahme der Oberflächenaktivität setzt erst bei längerkettigen Tensiden ein.

Um die Anreicherung von Tensidmolekülen in Grenz- oder Oberflächen unterhalb der kritischen Micellbildungskonzentration c_k zu berechnen, benötigt man die *Gibbsche Gleichung,* welche die Konzentration eines Tensids in einer Flüssigkeitsoberfläche (flüssig/gasförmig) wiedergibt:

$$\Gamma = \frac{1}{2\,RT} \left(\frac{\partial \gamma}{\partial \ln a}\right)_T$$

γ = Oberflächen- oder Grenzflächenspannung
a = $c \cdot f$ = Aktivität des Tensidmoleküls

f = mittlerer Aktivitätskoeffizient des Tensids
R = Gaskonstante
Γ = Grenzflächen-Konzentration in mol/cm^2

In flüssig/gasförmigen und flüssig/flüssigen Grenzflächen bedecken die Moleküle, da sie meist sehr beweglich sind, die Oberfläche als monomolekulare Schicht mehr oder weniger dicht und üben auf den Rand eine Kraft aus, die als Oberflächendruck π oder Schub bezeichnet wird und die Dimension dyn/cm hat. π kann aus der Differenz der freien Grenzflächenspannung mit und ohne Oberflächenfilm berechnet werden.

$$\pi = \gamma_0 - \gamma$$

γ_0 = Grenzflächenspannung ohne Film
γ = Grenzflächenspannung mit Film

Ist die Grenzflächen-Konzentration Γ aus der Gibbschen Gleichung bekannt, kann daraus die Fläche A pro Molekül in Å^2 unter Einsetzen der Loschmidt-Zahl N_L berechnet werden:

$$A = 10^{16} / (N_L \cdot \Gamma)$$

Spreiten, Benetzen. Wenn ein Tropfen einer Flüssigkeit auf die Oberfläche eines Festkörpers gebracht wird, breitet er sich über die gesamte Oberfläche aus (er spreitet) oder er bleibt als Tropfen mit definiertem Kontaktwinkel liegen. Welche dieser beiden Möglichkeiten sich realisiert, hängt von der Oberflächenspannung der Flüssigkeit, der Oberflächenspannung des Festkörpers und der Grenzflächenspannung des Festkörpers ($\gamma_{f/fl}$) gegenüber der Flüssigkeit ab.

Dank der Erniedrigung der Oberflächenspannung des Wassers durch Tenside können viele Oberflächen durch Tensidlösungen benetzt werden, auf denen reines Wasser nicht spreitet. Die üblichen Tenside setzen die Oberflächenspannung des Wassers von 72,583 dyn/cm (20 °C) auf ca. 25–30 dyn/cm herab, perfluorierte Tenside (Verbindungen mit der höchsten Oberflächenaktivität) auf 17–18 dyn/cm.

Eigenschaften von Tensidlösungen. Wie erwähnt läßt sich die Gibbsche Gleichung für den Konzentrationsbereich $< c_k$, d. h. bis zu der Konzentration anwenden, von der ab trotz weiterer Konzentrationserhöhung die Oberflächenspannung konstant oder fast konstant bleibt. Bei der kritischen Micellbildungskonzentration ändert sich die Konzentrationsabhängigkeit vieler anderer Lösungseigenschaften, z. B. der Äquivalentleitfähigkeit, der Trübung, der Dichte, der Molrefraktion, des Dampfdruckes und des osmotischen Druckes (s. Abb. 2).

4.1. Wirkungen der Tenside auf Grenzflächenaktivität

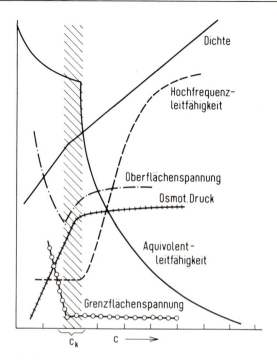

Abb. 2. Physikalische Eigenschaften und kritische Konzentration der Micellbildung C_k von Natriumdodecylsulfat [1].

Ursache dieser vielfältigen Eigenschaftsänderungen ist die Bildung von Molekülaggregaten aus Tensidmolekülen, den Micellen.

In wässrigen Lösungen besteht eine Micelle aus einem Tensidmolekülaggregat, deren hydrophobe Molekülteile ins Innere weisen, während die hydrophilen Gruppen nach außen liegen. Die Tendenz zur Micellbildung ist um so größer, je größer der hydrophobe Anteil des Tensidmoleküls ist. Auch die kritische Micellbildungskonzentration ist um so kleiner, je größer der hydrophobe Molekülanteil ist. Ausdruck dieses Zusammenhanges ist die Gleichung

$$\log c_k = a - b \cdot n_c$$

a und b sind für die polare Endgruppe charakteristische Stoffkonstanten, n_c die Zahl der CH_2-Gruppen in der Kette.

4. Physiko-chemische Grundlagen der Grenzflächenaktivität

Verzweigungen in der Kette wirken der Micellbildung entgegen. Ein Benzolkern, wie er im hydrophoben Molekül der Alkylbenzolsulfonate vorliegt, beeinflußt c_k annähernd so wie eine Kettenverlängerung um 3–4 C-Atome.

Bei substituierten Polyglykoläthern mit konstantem hydrophoben Molekülteil gilt entsprechend:

$$\log c_k = \alpha + \beta \cdot n_{ÄO}$$

$n_{ÄO}$ = Zahl der Äthoxy-Reste pro mol
α, β = Konstanten

Demnach ist c_k um so höher, je länger die Äthylenoxidkette im Verhältnis zum Kohlenwasserstoffanteil ist.

Hinsichtlich der räumlichen Beschaffenheit der Micellen bevorzugt Hartley [1a] einen kugelförmigen Aufbau. Hess [2] sowie Harkins [3] dagegen haben durch röntgenographische Untersuchungen einen lamellaren Aufbau wahrscheinlich gemacht. Debye und Anacker [4] schließlich haben eine faden- oder stäbchenförmige Micelle postuliert (s. Abb. 3a und 3b).

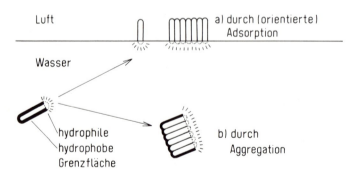

Abb. 3 a. Vorstellungen über Bildung und Aufbau von Micellen, schematisch.
Abb. 3 b. Micellbildung bei Waschmitteln nach Kling, schematisch [4 a].

Die Bildung der Micellen im kritischen Konzentrationsbereich kommt z. B. bei den Seifen durch Adsorption der Säure-Anionen an die nichtdissoziierten Moleküle zu-

4.1. Wirkungen der Tenside auf Grenzflächenaktivität

stande, so daß sich Knäuel bilden, welche aus 20000–30000 Einzelmolekülen bestehen können. Auf die gleiche Weise muß man sich auch bei kationaktiven Substanzen die Entstehung der Micellen durch Adsorption der Kationen und nichtdissoziierten Moleküle vorstellen. Diese Molekülknäuel sind Micellen. Bei Seifen kann man den Vorgang wie folgt formulieren:

$$2\ C_{17}H_{35}\text{-COONa} \longrightarrow C_{17}H_{35}COO^{\ominus}\ Na^{\oplus} \cdot C_{17}H_{35}\text{-COONa}$$

Durch Adsorption des fettsauren Natriumsalzes entsteht der folgende Komplex:

$$[C_{17}H_{35}\text{-COONa} \cdot C_{17}H_{35}\text{-COO}]^{\ominus} + Na^{\oplus}$$

Die Größe der Micellen wird vor allem durch die Größe der hydrophoben Molekülteile bestimmt. Fettsäuremoleküle mit weniger als 10 C-Atomen bilden nur kleine Micellen und sind kaum oberflächenaktiv.

Elektrostatische Aufladung: Ein weiterer für die Einwirkung oberflächenaktiver Substanzen auf verschmutzte Fasern — also für den eigentlichen Waschvorgang — wichtiger Gesichtspunkt ist die elektrostatische Abstoßung zwischen Schmutz und Faser (s. Abb. 4).

In Wasser eingeweichte Textilfasern werden mehr oder weniger stark negativ aufgeladen. Der Ladungszustand von Textilsubstrat und Flüssigkeit wird durch das elektrokinetische oder ζ-Potential beschrieben. Darunter wird die Potentialdifferenz zwischen der elektrostatisch geladenen Schicht an der festen Oberfläche der Faser und der Ladung der Flüssigkeit verstanden (s. Tabelle 3).

Tabelle 3. Elektrokinetische Potentiale (ζ) einiger Faserarten nach Karrer und Schubert[5].

Faserart	ζ (mV)
Wolle	− 48
Baumwolle	− 38
Acetatseide	− 36
Kupferseide	− 5
Viscoseseide	− 4
Seide entbastet	− 1

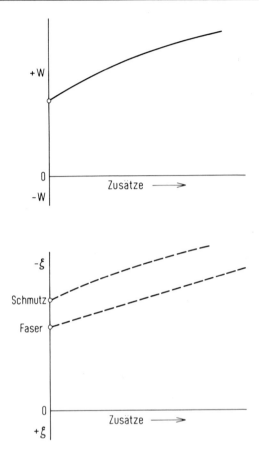

Abb. 4. Einfluß von anionaktiven Waschmitteln auf die elektrische Aufladung (ζ) der Faser und des Schmutzes sowie auf die Waschwirkung (W) nach Kling, schematisch [4 a]. a) Zunehmende elektrische Aufladung bei den unter b) genannten Zusätzen. b) Zunehmende Waschwirkung mit steigenden Zusätzen an anionaktiven Waschmitteln, an alkalisch reagierenden Salzen, an Basen (steigender pH-Wert), an mehrwertigen Anionen, an anionischen Kolloiden.

Auch die als Verschmutzung von Textilien vorkommenden Substanzen wie Kohlenwasserstoffe, Fette, Ruß, Silicate laden sich bei der Dispersion in Wasser elektrisch auf, und zwar negativ. Die Aufladung der Faser verstärkt sich mit steigendem pH-Wert. Von Stackelberg und Hageböke[6] haben die negative elektrische Aufladung verschiedener Fasern in Abhängigkeit von pH-Wert gemessen (s. Abb. 5).

4.1. Wirkungen der Tenside auf Grenzflächenaktivität

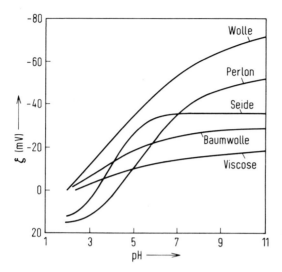

Abb. 5. Negative elektrische Aufladung (ζ) verschiedener Fasern in Abhängigkeit vom pH-Wert. Puffer:

Das gleiche Bild (Abb. 6) zeigt die ebenfalls pH-abhängige elektrische Aufladung von Ruß, gemessen als elektrophoretische Beweglichkeit μ nach Arbeiten von Lange[7].

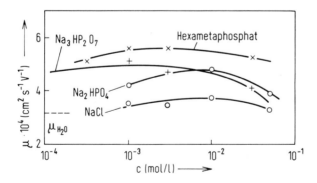

Abb. 6. Negative elektrische Aufladung von Ruß, gemessen als elektrophoretische Beweglichkeit μ in Lösungen von Salzen mit verschiedenwertigen Anionen in Abhängigkeit von der Konzentration c der Salze [7].

Schließlich zeigt Abbildung 7 noch die Zunahme der elektrischen Aufladung verschiedener Fasern in Abhängigkeit von der Konzentration c an Tensid [6].

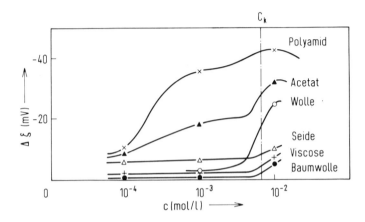

Abb. 7. Zunahme der negativen elektrischen Aufladung $\Delta \zeta$ verschiedener Fasern in Abhängigkeit von der Konzentration c an Tensid. c_k = kritische Micellbildungskonzentration [6].

Wären die elektrostatischen Kräfte bei gleichzeitiger Aufladung groß genug, müßten sich die Schmutzpartikeln abstoßen. Da die elektrostatischen Kräfte jedoch zu klein sind, können die Schmutzteilchen nicht ohne Zufuhr weiterer negativer Ladungskräfte abgelöst werden. Dies geschieht in Form von Hydroxidionen aus Alkalien, Silicaten, Carbonaten und Phosphaten, die man der Waschlauge zufügt, wodurch eine deutliche Schmutzlockerung erreicht wird.

Säuren, saure Salze, mehrwertige Kationen und kationaktive Tenside verhalten sich grundsätzlich umgekehrt. In niedriger Konzentration verringern sie die negative Ladung der Faser und des Schmutzes und verschlechtern damit gleichzeitig die Waschwirkung (Inversion = negative Waschwirkung). Erst bei großem Überschuß an kationaktivem Tensid werden Faser und Schmutz positiv aufgeladen. Erst dann wird auch die Waschwirkung wieder positiv.

Setzt man der Waschlauge nur kleine Mengen einer anionaktiven Substanz, z. B. Seife, zu, tritt eine sehr deutliche elektrostatische Aufladung ein, die mit der Kettenlänge z. B. des Alkancarboxylates zunimmt.

Bei den nichtionogenen Stoffen tritt die elektrostatische Abstoßung nur in geringem Umfang in Erscheinung; erst bei höheren Konzentrationen sinkt das Potential ein wenig ab. Aus der Tatsache, daß nichtionogene Produkte die negative

4.1. Wirkungen der Tenside auf Grenzflächenaktivität

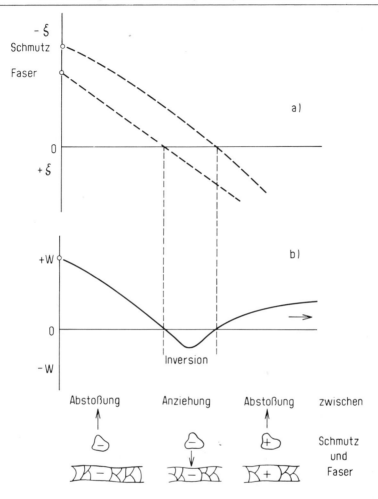

Abb. 8. Einfluß von kationaktiven Waschmitteln auf die elektrische Aufladung (ζ) der Faser und des Schmutzes und auf die Waschwirkung (W) nach Kling, schematisch [7 a]. a) Verminderung und Vorzeichenumkehr der elektrischen Aufladung bei den unter b) genannten Zusätzen. b) Änderung der Waschwirkung mit steigenden Zusätzen an kationaktiven Waschmitteln, an sauren Salzen oder Säuren (fallender pH-Wert); diese Effekte sind durch Zusatz mehrwertiger Kationen und kationischer Kolloide zu verstärken.

Aufladung praktisch nicht verstärken, aber trotzdem recht gute Waschmittel sein können, läßt sich folgern, daß die elektrische Aufladung bei dem komplexen Waschvorgang nicht allein ausschlaggebend ist.

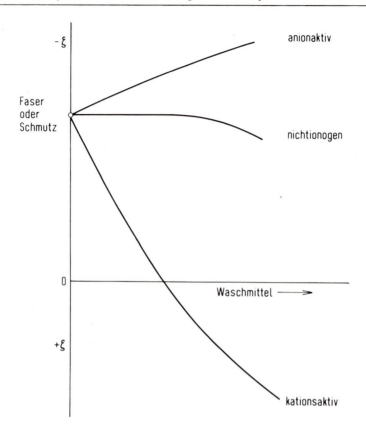

Abb. 9. Einfluß von Waschmitteln verschiedener Ionogenität auf die elektrische Ladung (ζ) der Faser und des Schmutzes nach von Stackelberg [7 b], schematisch.

Wascharbeit und Umnetzung: Die nichtionogenen Tenside wirken vorwiegend dadurch, daß sie eine Umnetzung des Schmutzes und der Faser bewirken. Unter Umnetzung versteht man die Verdrängung einer öligen Anschmutzung von der Faseroberfläche, wobei der zunächst gleichmäßig als Ölschicht auf der Faseroberfläche haftende Schmutz schließlich als Öltropfen abgelöst und die Faseroberfläche nur noch von der wässrigen Waschmittellösung benetzt wird[8].

Eine schematische Darstellung dieser Verdrängung einer öligen Anschmutzung durch Wasser oder eine Tensidlösung in fünf Phasen erläutert Abbildung 10.

4.1. Wirkungen der Tenside auf Grenzflächenaktivität

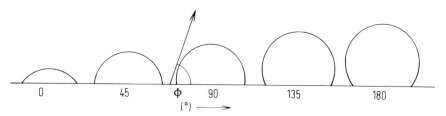

Abb. 10. Fünf Phasen der Verdrängung einer öligen Anschmutzung durch Wasser oder eine Tensidlösung. Φ = Randwinkel.

Kling und Koppe haben die bei diesem Vorgang geleistete Arbeit A_W die Wascharbeit, in der folgenden Formel zum Ausdruck gebracht:

$$-A_W \approx F(\Delta j + \sigma_{AB})$$

F bedeutet die gereinigte Fläche, Δj die Differenz der Benetzungsspannungen und σ_{AB} die Grenzflächenspannung der Flüssigkeiten A und B.

Kling hat ferner den Begriff der Restwascharbeit A_R eingeführt. Darunter ist die zur völligen Verdrängung des Öles vom Substrat zuzuführende Arbeit zu verstehen, wenn die Umnetzung nur bis zu einem endlichen Randwinkel Φ abläuft. Als Ausdruck der Restwascharbeit gilt nach Kling

$$A_R = \gamma \cdot \sigma_{AB}.$$

wobei γ eine Funktion des Gleichgewichtsrandwinkels Φ ist.

Abbildung 11 zeigt einen im Gleichgewicht befindlichen Öltropfen auf einer Faser.

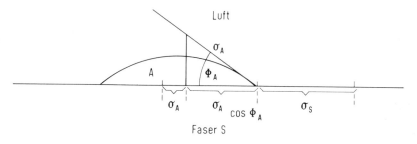

Abb. 11. Öltropfen A auf einer Faser S im Gleichgewicht. Φ = Randwinkel, σ = Grenzflächenspannung.

Die das Waschen fördernde Wirkung der Tenside kann auf diese Weise in physikalisch definierten Größen, d. h. in erg/cm^2, ausgedrückt werden. Die nichtionogenen Substanzen wirken anders.

Da der Schaum beim Waschvorgang das Vorhandensein waschaktiver Substanz in der Waschflotte anzeigt, sollen im folgenden Entstehen und Funktion des Schaumes sowie die Wirkungsweise von Emulsionen und die Solubilisation bei der Ablösung von Anschmutzungen besprochen werden.

Solubilisation ist die Fähigkeit anionaktiver und kationaktiver Substanzen, in Wasser wenig oder unlösliche Stoffe dadurch in oft beträchtlichem Umfang in Lösung zu bringen, daß die Tensidmicellen sie inkorporieren.

Auch nichtionogene Substanzen haben eine merkliche solubilisierende Wirkung, z. B. Polyäthylenoxid-Kondensationsprodukte mit relativ kurzer Polyäthylenoxid-Kette. Die Veränderung des Trübungspunktes ihrer Lösungen durch das Solubilisat kompliziert die Verhältnisse bei der Solubilisation mit nichtionogenen Stoffen jedoch erheblich. (Der Trübungspunkt ist die Temperatur, bei der die wässrige Lösung einer nichtionogenen Substanz sich trübt; er ist weitgehend unabhängig von der Konzentration, hängt jedoch vom Hydroxyäthylierungsgrad der nichtionogenen Substanz ab).

Während bisher die physikalisch-chemischen Eigenschaften der oberflächenaktiven Substanzen beschrieben wurden, sollen jetzt deren Haupteffekte beim Wasch- und Reinigungsvorgang kurz betrachtet werden.

4.2. Haupteffekte der grenzflächenaktiven Substanzen beim Wasch- und Reinigungsvorgang

Netzkraft: Unter Benetzung versteht man die Verdrängung einer flüssigen Phase durch eine andere von einem festen oder flüssigen Körper. Sie läßt sich, wie schon Young es 1805 unternommen hat, grundsätzlich durch die freie Grenzflächenenergie ausdrücken. Der von Young aufgestellten Gleichung liegen die in Abbildung 12 und 13 formulierten Überlegungen zugrunde.

Das Verhalten eines Tropfens A, der auf einer Unterlage S aufliegt, ist durch die Grenzflächenspannungen σ_A, σ_S und σ_{AS} bestimmt. Unter dem Einfluß dieser Kräfte verschiebt sich die Randlinie bei gleichzeitiger Änderung der Tropfenform, bis ein Gleichgewicht erreicht ist. Nimmt man an, daß sich das Gleichgewicht bei dem durch A und S gegebenen Wert Φ_A des Randwinkels einstellt, so muß für

4.2. Haupteffekte der grenzflächenaktiven Substanzen...

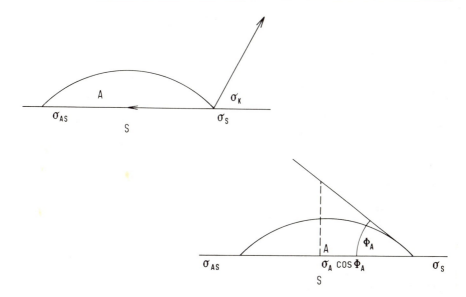

Abb. 12 (links) und Abb. 13 (rechts). Geometrische Darstellung der Grenzflächenspannung und der Benetzungsspannung (Netzkraft).

diesen Zustand die algebraische Summe der in der Grenzfläche wirkenden Kräfte gleich Null werden, wenn man z. B. die nach rechts gerichteten Kräfte als positiv, die nach links gerichteten als negativ einsetzt:

$$-\sigma_A - \sigma_A \cdot \cos \Phi_A = \sigma_S = 0$$

$$\sigma_A \cdot \cos \Phi_A = \sigma_A - \sigma_{AS} = \gamma A$$

γA = Benetzungs- oder Haftspannung auf der Unterlage[8a].

Die Netzkraft beruht auch auf der Fähigkeit einer wässrigen Lösung, Luft aus der Faser zu verdrängen und dadurch ihren Auftrieb in der Lösung zu vermindern.

Emulgiervermögen. Emulsionen sind Systeme, die eine Flüssigkeit als disperse Phase in einer anderen enthalten. Die in Form kleiner Tröpfchen verteilte Flüssigkeit wird „emulgierte oder innere Phase", die andere „kohärente" (zusammenhängende) oder äußere Phase genannt. Die beiden Flüssigkeiten dürfen somit ineinander nicht oder nur schwer löslich sein. Bei technischen Emulsionen besteht eine der beiden

Phasen – meist die äußere – fast immer aus Wasser oder einer wässrigen Lösung, die andere meist aus öligen oder fettigen Substanzen.

Wässrige Emulsionen, deren äußere Phase aus Wasser und deren innere aus Öl besteht, werden als Öl-in-Wasser-Emulsionen (O/W-Emulsionen) bezeichnet, ölige Emulsionen, deren äußere Phase aus Öl und deren innere aus Wasser besteht, nennt man Wasser-in-Öl-Emulsionen (W/O-Emulsionen). Die technisch wichtigeren sind die O/W-Emulsionen.

Außerdem gibt es Emulsionen höherer Ordnung, z. B. die (W/O)W-Emulsion, eine Sekundär-Emulsion, deren äußere Phase aus Wasser und deren innere aus einer W/O-Emulsion besteht.

Zur Herstellung von Emulsionen werden Emulgatoren benötigt, welche die Emulsionen stabilisieren, indem sie die Oberfläche des zu emulgierenden Stoffes an der Grenzfläche Öl-Wasser stark vergrößern.

Schwimmt 1 cm³ einer mit Wasser nicht mischbaren Flüssigkeit als Kugel in Wasser, dann beträgt deren Oberfläche 4,83 cm². Wenn aus 1 cm³ dieser Flüssigkeit eine Emulsion mit einem Tröpfchendurchmesser von 10 μm hergestellt wird, beträgt die Grenzfläche bereits 3000 cm² = 0,3 m², bei 1 μm Tröpfchendurchmesser 30 000 cm² (3 m²). Die Arbeitsmenge, die zur Herstellung von 1 cm² neuer Oberfläche erforderlich ist, nennt man die Oberflächenspannung; sie wird in dyn · cm^{-1} angegeben.

Emulsionen, bei denen die innere Phase aus kleinen Tröpfchen besteht, sind stabiler als solche mit größeren Tröpfchen, was sich besonders bemerkbar macht, wenn das spezifische Gewicht der inneren emulgierten Phase wesentlich von dem der äußeren Phase abweicht. Eine Emulsion ist ferner umso stabiler, je viscoser die äußere Phase ist.

Diese Beziehungen werden durch die Formel von Stokes (1850) quantitativ zum Ausdruck gebracht. Die Sedimentations- (oder Aufrahmungs)Geschwindigkeit einer Emulsion (cm · sec^{-1}) ist danach gegeben durch die Gleichung

$$U = \frac{2 g \cdot r^2 (d_1 - d_2)}{9 \eta}$$

g = Erdbeschleunigung (981 cm · sec^{-1})
r = Radius der Tröpfchen (cm)
d_1 = Dichte der inneren Phase (g · cm^{-3})
d_2 = Dichte der äußeren Phase (g · cm^{-3})
η = Viscosität der äußeren Phase (g · cm^{-1} · sec^{-1})

Die Emulgatoren begünstigen die Bildung neuer Oberflächen und verhindern das Zusammenfließen kleiner Tröpfchen zu größeren. Als Emulgatoren eignen sich nur Substanzen mit einem hydrophoben Molekülteil (Kohlenwasserstoffrest) und einer hydrophilen Gruppe, d. h. also Tenside. Überschreitet die Emulgator-Konzentration einen bestimmten Wert, reicht die vorhandene Oberfläche nicht aus, um allen Molekülen Platz zu bieten. Die überzähligen Emulgator-Moleküle lagern sich dann zu Großmolekülen (Micellen) zusammen, die bestrebt sind, neue Oberflächen zu schaffen, d. h. sie bilden beim Verdünnen in Wasser spontan eine Emulsion.

Dispergierwirkung: Emulsionen sind ein spezieller Fall disperser Systeme. Unter diesem Begriff faßt man Systeme zusammen, bei denen ein homogener Stoff in einem anderen fein verteilt ist. Je nach Aggregatzustand des verteilten Stoffes, der dispersen Phase, und des Dispersionsmittels unterscheidet man

Agglomerat	fest in fest
Suspension oder Dispersion	fest in flüssig
Rauch	fest in gasförmig
Emulsion	flüssig in flüssig
Nebel	flüssig in gasförmig
Schaum	gasförmig in flüssig

Ein Dispersionsvorgang wie das Zerteilen eines Feststoffes in einem flüssigen Medium, die Bildung einer Emulsion sowie eines Schaumes oder die Zerstäubung einer Flüssigkeit ist fast stets das Resultat von zwei entgegengesetzten Vorgängen: der mechanischen Zerteilung der dispersen Phase in kleinere Partikel und der Re-Aggregation durch Ausflockung oder Koagulation. Beispielsweise geht der Dispergierung – hervorgerufen durch Adsorption von Tensiden an Schmutz und Faser – stets die Adsorption von Wasser auf der Faseroberfläche und die Hydratation des Tensids voraus.

Schutzkolloidwirkung. Unter der Schutzkolloidwirkung oberflächenaktiver Substanzen versteht man die Stabilisation disperser Phasen (fest/flüssig) und den speziellen Schutz gegen die koagulierende Wirkung anorganischer Salze.

Oberflächenaktive Substanzen besitzen Schutzkolloidwirkung, wenn sie ein feindisperses System vor Ausflockung oder Koagulation bewahren können, die durch Zusatz von Elektrolyten oder dehydratisierenden Agentien sowie heftiges Rühren, Erhitzen oder Abkühlen bewirkt werden. Diese Schutzkolloidwirkung der Tenside erstreckt sich stets nur auf ein bestimmtes feindisperses System.

So schützt in einem neutralen wässrigen Medium Gelatine oder ein anderes Protein die Suspension eines Pigmentes gegen Elektrolyte; sie versagt jedoch in einem sauren Medium, in welchem eine kationaktive Substanz wie Cetyltrimethylammoniumbromid wirksam ist. Schutzkolloidwirkung und Schmutztragevermögen sind nicht identisch; die Schutzkolloidwirkung ist nur ein Faktor dieses komplexen Geschehens.

Eine anschauliche Vorstellung des Gleichgewichtes zwischen abgelöstem, somit in der Waschflotte dispergiertem oder emulgiertem Schmutz einerseits und dem auf der Faser resorbierten Schmutz andererseits vermittelt die Bestimmung dieser Anteile an Wolle in einer 0,25-proz. Spindelöl-Emulsion in Abhängigkeit von der Tensid-Konzentration (Tabelle 4).

Tabelle 4. Resorbierte Ölmenge (in % des Fasergewichtes) in Abhängigkeit von der Konzentration des Tensids (Cetylsulfat) (%).

Tensid (%)	Resorbiertes Öl (%)
0,1	2,8
0,5	1,14
3,0	0,37
5,0	0,25
10,0	0,16

Auch das Dispersionsgleichgewicht, welches sich bei der Suspendierung (Peptisierung) von Tierkohle z. B. in einer 0,8-proz. Natriumoleat-Lösung nach 24-stündigem Stehen einstellt, ist ein qualitatives Indiz für das Schutzkolloidvermögen eines Tensides (Abb. 14)[8b].

Nichtionogene Tenside vom Typ der Fettalkohol-Äthylenoxid-Addukte erreichen oder übertreffen die Eiweiß-Fettsäurekondensationsprodukte noch im Schutzkolloidvermögen.

Die Schutzkolloidwirkung kann mit der Goldzahl-Methode von Zsigmondy quantitativ bestimmt werden. Man benutzt den Farbumschlag nach Violett, den ein feindisperses, hochrotes Goldsol bei Elektrolytzusatz zeigt. Als Goldzahl bezeichnet man die Anzahl mg Schutzkolloid, welche eben nicht mehr ausreicht, um den Farbumschlag von 10 ml Goldsol bei Zusatz von 1 ml 10-proz. Na Cl-Lösung zu verhindern.

4.2. Haupteffekte der grenzflächenaktiven Substanzen ...

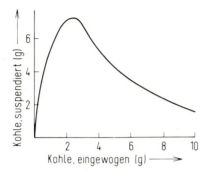

Abb. 14. Gleichgewichtseinstellung beim Peptisieren von Tierkohle mit Natriumoleat in Abhängigkeit von der Kohlemenge nach Buzagh [8 b].

So beträgt beispielsweise das Schutzkolloidvermögen von Natriumstearat bei 60 °C 100 mg/100 ml Goldsol, bei 100 °C 0,1 mg/100 ml, d. h. in der Siedehitze ist das Schutzkolloidvermögen des Natriumstearates 1000-mal größer als bei 60 °C.

Schäumen. Schäumen ist eine Eigenschaft waschaktiver Substanzen, welche durch die orientierte Adsorption von Waschmittelmolekülen an den Grenzflächen Flüssigkeit/Luft und die damit verbundene Erniedrigung der Oberflächenspannung bedingt ist (s. Abb. 15 und 16).

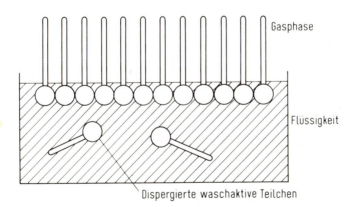

Abb. 15. Orientierte Adsorption waschaktiver Moleküle an der Grenzfläche flüssig/gasförmig (Flotte/Luft/Schaum) nach Tschakert [9 a].

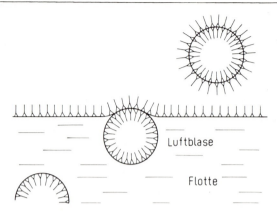

Abb. 16. Entstehung des Schaumes. Doppelschicht (Oberflächenhäutchen) waschaktiver Moleküle an den Grenzflächen nach Stüpel [8 c].

Die in der Flotte aufsteigende Luftblase wird beim Durchstoßen der Flottenoberfläche mit einer Doppelschicht umgeben, deren Bildung von der kritischen Micellkonzentration abhängt. Das Oberflächenhäutchen enthält zwischen den solvatationsfähigen Gruppen Flüssigkeit und bildet eine Lamelle genanntes Aggregat, den Urbestandteil der Seifenblase. Durch Erniedrigung der Oberflächenspannung der Flotte und durch die abgrenzenden Oberflächenhäutchen entsteht ein mechanisch stabiles Gebilde.

Niedrige Oberflächenspannung, hohe Oberflächenviscosität und langsame Erniedrigung der Oberflächenspannung erhöhen die Schaumstabilität, die z. B. für Natriumlaurat bei 0,01–0,025 N-Lösung (2,22–5,55 g/l) das Maximum erreicht.

Wie schon früher angedeutet, sind Schaum- und Waschkraft keineswegs identisch, wie Nüsslein bei einem Vergleich von Schaum- und Waschkraft jeweils homologer Reihen von Seifen und Alkylmethyltauriden beim Waschen von Baumwolle mit einer 5 % Olivenöl enthaltenden Flotte zeigte (s. Tabelle 5).

Nach Manegold[9] besteht jeder Blasenschaum aus einer Häufung gasgefüllter Blasen in einem gasförmigen, flüssigen oder festen Medium. Unter den Sammelbegriff Schaum fallen zwei grundsätzlich verschiedene Schaumarten: der Kugelschaum und der Polyederschaum. Der Kugelschaum ist eine Häufung selbständiger Blasen in einem gasförmigen, flüssigen oder erstarrten Verteilungsmittel[9a], der Polyederschaum dagegen stellt einen Verband polyedrisch geformter Blasen dar, welche ihre Selbständigkeit verloren haben. Der Blasenverband kann sich hier nur aus Film- oder Lamellen-Blasen und nicht aus Einzelblasen bilden (Abb. 17).

4.2. Haupteffekte der grenzflächenaktiven Substanzen ...

Tabelle 5. Schaumvermögen (gemessen als Schaumvolumen) und **Waschkraft** (gemessen als Entfettung in %) von Seifen und Alkyl-methyltaurid mit verschieden langen Alkylketten nach Nüsslein[8d].

Prod.	Konz. (g/l)	Schaumvermögen C_{12}	C_{14}	C_{18}	Waschkraft C_{18}
Seife	0,5	150	300	–	35
	1,0	350	1000	280	78
	2,0	580	800	500	95
Alkyl-methyl-taurid	0,5	600	800	500	88

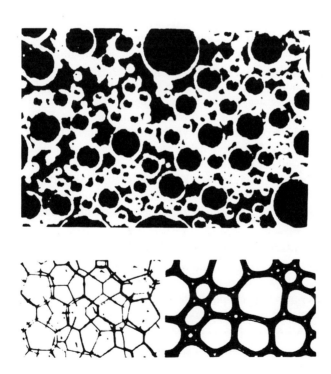

Abb. 17. Kugelschaum (oben) und Polyederschaum (unten) nach Tschakert [9 a].

4. Physiko-chemische Grundlagen der Grenzflächenaktivität

Da Schäumen zu beträchtlichen Schwierigkeiten in Fluß- und Bachläufen sowie Abwasserkanälen führen kann, ist die Verhütung und Zerstörung von Schaum eine wichtige Aufgabe. Nach Ross und Young in Manegold[10] sind bei einer optimalen Konzentration des Schaumzerstörers zwei Ursachen für die Schaumvernichtung verantwortlich: die Vergrößerung der Ablaufgeschwindigkeit der innerlamellaren Flüssigkeit — die zur schnelleren Austrocknung des Schaumes und zur schnelleren Abnahme der Lamellendicke führt — und die Zerstörung des Doppelfilms, bevor die Lamellen durch das Auslaufen der innerlamellaren Flüssigkeit dünner geworden sind. Nach Miles, Ross, Schedlowky und Manegold wirken einige Schaumzerstörer bevorzugt durch die Erhöhung der Auslaufgeschwindigkeit, andere durch eine Zerstörung des Doppelfilms, und wieder andere durch eine Kombination beider Effekte.

Wirksame Antischaummittel sind Kohlenwasserstoffe, höhere Alkohole, Alkylpolysiloxane u. a.[11].

Das Schaumvermögen der anionaktiven Stoffe wird von der Anzahl der C-Atome im hydrophoben Rest bestimmt; das gilt sowohl von den Seifen als auch den Tensiden oder Syndets, worunter die Alkylbenzolsulfonate, Alkansulfonate, Alkylsulfate, Alkyläthersulfate $RO(CH_2CH_2O)_x SO_3Na$, $R = C_{12} - C_{14}$, $x = 2 - 10$ und Alkylphenoläthersulfate $p - R - C_6H_4 - O(CH_2CH_2O)_x SO_3Na$, $R = C_9$, $x = 4 - 10$ etc. verstanden werden. Der sterische Bau der Alkylgruppe macht sich bei den Alkylbenzolsulfonaten und Alkansulfonaten kaum bemerkbar. So weisen geradkettige und auch verzweigte C_{14}-Alkylbenzolsulfonate bei 60 °C optimale Netz- und Schaumwerte auf. Dagegen haben stark verzweigte Natriumalkylsulfate in Übereinstimmung mit der Erniedrigung der Oberflächenspannung das Maximum ihres Schaumvermögens erst bei längeren Kohlenstoffketten. Alkyläthersulfate, beispielsweise Lauryläthersulfat mit 2—4 mol Äthylenoxid kondensiert, sind in ihrem Schaumvermögen den Alkylbenzolsulfonaten, Alkansulfonaten und Alkylsulfaten deutlich überlegen.

Die nichtionogenen Tenside sind in der Regel schwächere Schäumer als die ionogenen Tenside. Addukte mit hochmolekularen Substituenten und niedrigen oder sehr hohen Hydroxyäthylierungsgraden schäumen am wenigsten. Die Schaumwirkung der nichtionogenen Verbindungen, die fast unabhängig von der Wasserhärte ist, steigt in Abhängigkeit vom hydrophoben Rest mit dem Hydroxyäthylierungsgrad bis zu 10 mol Äthylenoxid an, z. B. beim Laurylpolyglykoläther.

Schmutztragevermögen ist die Fähigkeit einer Waschflotte, das Wiederaufziehen von abgelöstem Schmutz auf der Faser zu verhindern (ein zu geringes Schmutztragevermögen führt bei wiederholtem Waschen zum Vergrauen von weißem Textilgut).

Hauptkriterien des Schmutztragevermögens sind die Schutzkolloidwirkung, das Dispergier- und Suspendiervermögen, die Trübung der Waschflotte nach dem Waschen etc., Merkmale, die sich z. T. durch Analyse von Endeffekten des Tragevermögens, z. T. durch praxisnahe Methoden ergeben. Über ein gutes Dispergiervermögen und eine ausreichende Schutzkolloidwirkung verfügen die nichtionogenen Polyäthylenoxid-Produkte in besonderem Maße.

Das Schmutztragevermögen kann dadurch demonstriert werden, daß man sauberes, weißes Textilmaterial mit einer Dispersion eines Pigmentes unter Zusatz des zu prüfenden Stoffes behandelt. Das Schmutztragevermögen des zugesetzten Stoffes ist um so größer, je heller das Gewebe bleibt, d. h. je größer die zu messende Reflexion nach der Behandlung ist. Eine besonders markante Wirkung zeigt Carboxymethylcellulose (CMC) (Umsetzungsprodukt von Cellulose mit Natriumchloracetat), das als schmutztragende Komponente zahlreicher Waschmittelzubereitungen dient.

4.3. Literatur

1) K. Hess und H. Preston, J. physic. Colloid Chem. *52,* 85 (1948).
1a) G. S. Hartley: Aqueous Solutions of Paraffin Chain Salts. Verlag Hermann und Cie., Paris 1936.
2) K. Hess, Fette-Seifen-Anstrichmittel *49,* 91 (1942).
3) W. D. Harkins, J. Amer. Chem. Soc. *68,* 220 (1946).
4) P. Debye und H. Anacker, J. physic. Colloid chem. *55,* 220 (1951).
4a) siehe [1 a]. S.
5) P. Karrer und P. Schubert, Helv. chim Acta *11,* 221 (1928).
6) E. Hageböke, Dissertation, Universität Bonn 1956.
7) H. Lange, Kolloid-Z. *127,* 19 (1952).
7a) siehe H. Lange, Kolloid-Z. *154,* 103 (1957); *156,* 108 (1958).
7b) M. v. Stackelberg, Kolloid-Z. *135,* 67 (1954).
8) W. Kling und H. Koppe, Melliand Textilber. *30,* 23 (1949).
8a) H. Freundlich: Kapillarchemie. 2. Aufl., Leipzig 1922, S. 223.
8b) A. v. Buzagh, Kolloid-Z. *48,* 33 (1929).
8c) H. Stüpel: Synthetische Wasch- und Reinigungsmittel. Konradin-Verlag Robert Kohlhammer, Stuttgart 1954.
8d) H. Nüsslein, Bios Final Report Nr. 421 (1945).
9) E. Manegold: Kapillarsysteme. Bd. 2, Chemie und Technik Verlagsges., Heidelberg 1960.

9a) H. E. Tschakert, Tenside *3*, 322, 359, 388 (1966).
10) E. Manegold: Schaum. Chemie und Technik Verlagsges., Heidelberg 1953, S. 433.
11) Dow Corning. DAS 1 204 631 (1964); Tenside *3*, 54 (1966); Brit. Pat. 974 449; Tenside *3*, 57 (1966).

5. Chemische Zusammensetzung der grenzflächenaktiven Substanzen

5.1. Alkylbenzolsulfonate

Zum ersten Mal hat Kraft [1] die Darstellung eines Alkylbenzolsulfonats beschrieben. Sein Verfahren bestand darin, Alkyljodide mit Jodbenzol in Gegenwart von metallischem Natrium umzusetzen und die so gewonnenen Kohlenwasserstoffe mit rauchender Schwefelsäure in die Sulfonsäuren und nach Neutralisation in die Sulfonate überzuführen. Krafft hat auf diese Weise Cetyl- und Octadecylbenzolsulfonsäure dargestellt, aber er hat den Tensidcharakter dieser Stoffe noch nicht erkannt.

Es vergingen noch fast 40 Jahre, bis Adam [2] sich des „Seifencharakters" der von ihm auf anderem Wege gewonnen Alkylbenzolsulfonate bewußt wurde. Adam kondensierte Palmitinsäurechlorid mit Benzol in Gegenwart von Aluminiumchlorid nach der damals viel angewandten Friedel-Crafts-Reaktion, reduzierte das so gewonnene Palmitoylbenzol mit Zink und Salzsäure und behandelte das Hexadecylbenzol mit rauchender Schwefelsäure.

Erst bei der rüstungsbedingten, systematischen Suche nach synthetischen Waschrohstoffen als Ersatz für Seife entwickelten Günther, Hausmann und Frank [3] 1934 bei der I. G. Farbenindustrie Ludwigshafen ein großtechnisches Verfahren zur Herstellung von Alkylbenzolsulfonaten, dessen intensive Bearbeitung Flett [4] in USA fortführte.

Die heute ausgeübten technischen Verfahren bestehen 1. in der Herstellung des Alkylbenzols und 2. seiner Sulfonierung und Neutralisation.

Zur Einführung des Alkylrestes in den Benzolkern eignen sich Monochlorparaffine oder Olefine. Zur Monochlorierung von Paraffinen wurden zunächst Pennsylvania- oder Michigan-Petroleum-Destillate oder entsprechend enge Schnitte von Produkten der Fischer-Tropsch-Synthese verwendet, also Paraffin-Kohlenwasserstoffe mit möglichst hohem Anteil an Alkanen und Siedegrenzen zwischen 210 und 265°C, die in monochlorierter Form nach Friedel-Crafts mit Benzol kondensiert werden.

Gegenüber der Alkylbenzol-Synthese durch Einführung von höhermolekularen Olefinen in den Benzolkern in Gegenwart von Katalysatoren unterscheidet sich die mit $AlCl_3$ katalysierte Alkylbenzol-Synthese unter Verwendung von Alkylchlorid dadurch, daß direkt mit Benzol unter Abspaltung von Chlorwasserstoff umgesetzt wird. R. Ströbele [5] hat ein Verfahrensschema dafür veröffentlicht (Abb. 18).

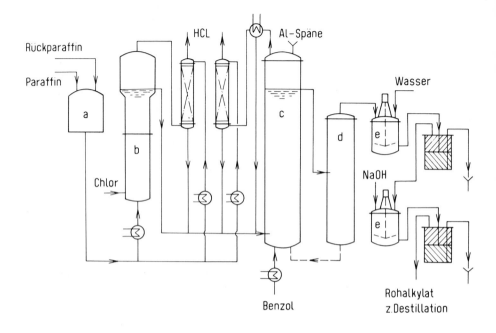

Abb. 18. Alkylbenzol-Herstellung nach Ströbele [5].
a) Vorratsbehälter für Paraffin (C_{10}-C_{12}); b) Chlor; c) Alkylierung; d) Katalysator-Abscheidung; e) Wäsche.

Dabei wird das chlorierte Paraffin mit dem 10-fach molaren Überschuß an Benzol in einen emaillierten Reaktionsturm eindosiert, während zuvor Aluminiumchlorid oder Aluminiumspäne eingebracht werden. Der dabei freiwerdende Chlorwasserstoff, welcher während der Alkylierung im Turm eine starke Turbulenz hervorruft, wird zur Entfernung von Chlor und niedrigsiedenden Kohlenwasserstoffen mit Paraffin gewaschen, bevor er für eine Vinylchlorid-Synthese verwendbar ist. Der wirksame Kontakt, eine flüssige Komplexverbindung mit etwa 35 % $AlCl_3$, wird bei diesem Verfahren vor der Wasserwäsche des Alkylbenzols weitgehend abgetrennt und in den Reaktor zurückgegeben.

Das bei der Synthese mit $AlCl_3$-Katalysator und Alkylchlorid anfallende Alkylbenzol muß vor der Sulfonierung mit SO_3 noch raffiniert werden. Das beschriebene Verfahren wird großtechnisch in der Bundesrepublik Deutschland von der Rheinpreußen AG und in USA von den meisten Alkylbenzol-Erzeugern benutzt.

5.1. Alkylbenzolsulfonate

Höhermolekulare Olefine als Grundstoffe für die Herstellung von Alkylbenzolen erlauben eine einfachere Verfahrenstechnik.

Im Vordergrund stand bis vor wenigen Jahren das Tetrapropylen, welches durch Polymerisation von Propylen bei ca. 180° C und 20–25 atm. in Gegenwart von Ortho- oder Pyrophosphorsäure oder Zinkchlorid als Katalysator gewonnen wird. Wegen der schlechten biologischen Abbaubarkeit des Tetrapropylenbenzolsulfonates(1,3,5,7-Tetramethyl-octyl-benzolsulfonates) ist inzwischen das Tetrapropylen gegen andere Alkane ausgetauscht worden, die ein leichter abbaubares Endprodukt liefern. Seitdem werden Verfahren zur Herstellung von unverzweigten hochmolekularen α-Olefinen intensiv bearbeitet, wobei die thermische Paraffinspaltung in Gegenwart von Wasserdampf im Vordergrund steht.

Neuderdings gewinnt jedoch die gelenkte Polymerisation des Äthylens nach Ziegler [6] ein gewisses Interesse. Diese Reaktion verläuft über drei Stufen, der zu Triäthylaluminium führenden Vorstufe, der bei 100–120° C sowie 50–100 atm Äthylen-Druck ablaufenden Wachstumsreaktion unter Bildung höhermolekularer Alkylaluminiumderivate als Zwischenprodukt sowie der Verdrängungsreaktion in Gegenwart von kolloidalem Nickel als Cokatalysator.

$$Al + {}^3/_2 H_2 + 3 C_2H_4 \longrightarrow (C_2H_5)_3Al$$

$$(C_2H_5)_3Al + 3 CH_2{=}CH_2 \longrightarrow (C_2H_5\text{-}CH_2\text{-}CH_2)_3Al \xrightarrow{3n-1\ C_2H_4} [C_2H_5\text{-}(CH_2\text{-}CH_2)_n]_3Al$$

$$[H(C_2H_4)_{n-1}CH_2\text{-}CH_2]_3Al \xrightarrow{3\ C_2H_4} [H(CH_2\text{-}CH_2)_{n-1}CH_2\text{-}CH_2\text{-}CH_2\text{-}CH_2]_3Al \longrightarrow$$

$$3\ H(CH_2\text{-}CH_2)_{n-1}\text{-}CH{=}CH_2 + (C_2H_5)_3Al$$

Die Alkylierung des Benzols mit Olefinen soll möglichst schonend vorgenommen werden, um die Isomerisierung des aliphatischen Restes klein zu halten. Durch das Wandern der ursprünglich endständigen Doppelbindung zur Mitte hin entstehn Alkylbenzole deren Phenylgruppe über die C-Kette mit Ausnahme der endständigen Methylgruppe annähernd gleichmässig verteilt ist. Die Sulfonate wenig verzweigter Alkylbenzole weisen eine höhere Löslichkeit und eine merklich niedrigere Viscosität auf. Alkylbenzolsulfonate mit unverzweigter Seitekette sind von den Chemischen Werken Hüls entwickelt worden; sie sind zu mehr als 90 % biologisch abbaubar.

$$C_{12}H_{26} + Cl_2 \xrightarrow{120°C} C_{12}H_{25}Cl + HCl$$

$$C_{12}H_{25}Cl \xrightarrow{250°C} C_{12}H_{24} + HCl$$

5. Chemische Zusammensetzung der grenzflächenaktiven Substanzen

Die dazu benötigten geradkettigen Olefine werden nach einem Hüls-Verfahren [7] durch Dehydrochlorierung monochlorierter n-Paraffine gewonnen, wobei ein C_{10}- bis C_{13}-Paraffinschnitt der Gelsenberg AG eingesetzt wird, aus dem vorher die verzweigten Paraffine mit Hilfe des Molex-Verfahrens [8] abgetrennt wurden. Das n-Paraffin wird in verbleiten, silberplattierten Apparaten kontinuierlich bei 120° C durch Einleiten von fein verteiltem Chlor chloriert, wobei 20–30 % des Paraffins zum Monochlorid umgesetzt werden. Die Chlorierung erfolgt unter den bei Hüls vorhandenen Bedingungen unter Substitution des Wasserstoffs. Die Abspaltung von Chlorwasserstoff aus den so entstandenen Chloralkanen geht nach Wulf und Schmidt [9] katalytisch bei etwa 250° C in einer mit Eisen beschickten Kolonnenapparatur vor sich. Die gebildeten Olefine destillieren ab, während die Alkylchloride bis zur vollständigen Umsetzung in der Reaktionszone verbleiben. Die bei der Dehydrochlorierung anfallende Salzsäure ist von hoher Reinheit und daher für andere Verfahren gut verwendbar.

Da sich die Siedetemperaturen der Olefine mit denen der Chloride nicht überlagern dürfen, werden jeweils nur Paraffinfraktionen mit zwei aufeinanderfolgenden C-Zahlen gemeinsam verarbeitet. Tabelle 6 gibt die Siedetemperatur der Verbindungen mit 10–13 C-Atomen bei Normaldruck wieder.

Tabelle 6. Siedetemperaturen von n-Paraffinen, 1-Alkenen und 1-Chloralkanen mit 10–13 C-Atomen beri 760 Torr. [9a].

	n-Paraffin Kp (°C)	1-Alken Kp (°C)	1-Chloralkan Kp (°C)
C_{10}	174	170	223
C_{11}	196	193	240
C_{12}	216	213	256
C_{13}	235	232	271

Die Olefine mit über die C-Kette verteilter Doppelbindung fallen somit bei diesem Verfahren im Gemisch mit dem Ausgangs-n-Paraffin an und gehen mit ihnen zur Alkylierung.

Für die großtechnische Alkylbenzol-Herstellung gilt im allgemeinen ein Verhältnis von Monochlorparaffin zu Benzol zu Aluminiumchlorid von 1 : 5–6 : 0,1. Man alkyliert bei 40–85° C in säurebeständigen Türmen.

5.1. Alkylbenzolsulfonate

Einen wesentlichen Fortschritt brachte die Verwendung von Fluorwasserstoff als Alkylierungskatalysator [10], welcher die Monoalkylierung bei einem Benzol/Olefin-Verhältnis von 10 : 1 und bei $-10°$ C ohne die bei Anwendung von $AlCl_3$ immer auftretenden Nebenreaktionen wie Wasserstoffwanderung unter Bildung von Alkanen und Diolefinen, Polymerisation, Cyclisierung des Olefins und Polyalkylierung ermöglicht. Daß zur Alkylierung zweckmässigerweise ca. 200 Mol-% an HF bezogen auf Olefin verwendet werden müssen, beeinträchtigt die Wirtschaftlichkeit des Verfahrens nicht, zumal das HF durch Verdampfen wiedergewonnen und zurückgeführt wird und nur der gelöste Rest des Fluorwasserstoffs durch Alkaliwäsche aus dem Alkylbenzol entfernt zu werden braucht. Hinzu kommt, daß die Verwendung von HF als Alkylierungsmittel erheblich geringere Korrosionen an den Apparaturen verursacht. Als weiterer Vorteil sei schließlich noch erwähnt, daß die Bildung cyclischer Verbindungen wie Indan- und Tetralin-Derivaten [11] weitgehend vermieden wird, die in Gegenwart von $AlCl_3$ durch Umsetzung von Diolefinen mit Benzol entstehen können und das Alkylbenzol stark verunreinigen.

Im allgemeinen entstehen bei der technischen Alkylbenzol-Synthese folgende Isomeren (angegeben ist die längste Kohlenstoffkette):

$< C_{10}$: 0,5 %; C_{10} : 15–5 %; C_{11}–C_{12} : 50–75 %; C_{13}–C_{14} : 40– 20 %.

Die Verteilung der isomeren Alkylbenzole bei der Kondensation von α-Olefinen mit Benzol in Anwesenheit von Aluminiumchlorid und Fluorwasserstoff als Katalysator hat Olson [12] untersucht. Dabei hat es sich gezeigt, daß die 2-Stellung bei der Kondensation mit HF im Gegensatz zu der mit $AlCl_3$ nicht bevorzugt ist [13].

Schließlich sei noch auf eine Arbeit von Asinger [14] über die Isomerisierung bei der Friedel-Crafts-Alkylierung von Benzol mit Olefinen und Chloralkanen hingewiesen. In dieser wird der Nachweis erbracht, daß Protonensäuren (z. B. HF) nur eine Doppelbindungsisomerisierung im Olefin, nicht aber eine Stellungsisomerisierung im gebildeten Alkylbenzol hervorrufen, während dies bei Lewissäuren (z. B. $AlCl_3$, $Al_2(C_2H_5)_3Cl_3$, $AlCl_2(H_2PO_4)$, $Al(OCH_3)_3/AlCl_3$) umgekehrt ist.

5.1.1. Sulfonierung von Alkylbenzolen

Die technische Sulfonierung soll so gelenkt werden, daß möglichst nur Monosulfonate entstehen, Kondensationsreaktionen zwischen den einzelnen Komponenten vermieden werden, der Anteil an unsulfonierten Bestandteilen möglichst gering und das Sulfonat möglichst hell ist.

Die Sulfonierung kann entweder mit Schwefelsäuremonohydrat bei 50–75 °C, mit 12– bis 22-proz. Oleum bei 25–40° C oder auch mit SO_3 in einer Konzentration von 2–6 % in Stickstoff oder Luft vorgenommen werden. Während die zuerst genannte Verfahrensweise heute praktisch kaum noch angewandt wird, hat die Sulfonierung mit Oleum noch große Bedeutung. Die Abbildung 19 zeigt die Abhängigkeit des Umsatzes bei der Sulfonierung von Tetrapropylenbenzol mit 22-proz. Oleum von der Reaktionsdauer.

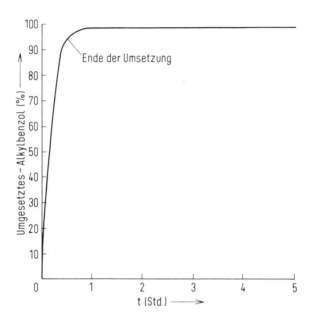

Abb. 19. Umsatz bei der Sulfonierung von Tetrapropylenbenzol in Abhängigkeit von der Reaktionsdauer (22-proz. Oleum, Säure : Alkylbenzol = 1,3 : 1; 23,9°C) nach Lindner [14a].

Nach 30 min sind bereits 94 % des Alkylbenzols umgesetzt; nach 1 Std. ist eine Umsetzung von 98 % und damit praktisch das Ende der Sulfonierung erreicht. In größeren Kesseln wird die Sulfonierung auf 1,5 bis 2 Std. ausgedehnt. Die Abhängigkeit des Umsatzes bei der Sulfonierung von Temperatur, Nachsulfonierzeit und dem Alkylbenzol/Schwefelsäure-Verhältnis zeigt Tabelle 7.

Man erhält die hellsten Produkte bei möglichst schneller Sulfonierung und bei möglichst niedriger Temperatur.

Die heute wohl am häufigsten angewendete Herstellungsart für Alkylbenzolsulfonate ist das SO_3-Verfahren. Die ersten Verfahren dieser Art arbeiteten unmit-

5.1. Alkylbenzolsulfonate

Tabelle 7. Abhängigkeit der Sulfonierung mit Schwefelsäure von Temperatur, Reaktionsdauer und Oleum-Konzentration.

Konz.	Alkylbenzol: Säure	Reaktionstemp.	Nachsulfonierung
20–22 %	1 : 2,35	30°C, bis zur Hälfte; 45°C, Ende	40–45°C/2–4h
12–14 % SO_3–Oleum	1 : 2,5	45°C, Ende 55°C	50–55°C/2–4h
100 % Schwefelsäure	1 : 4	50°C, Ende 50°C	55–60°C/3–6h

telbar mit SO_3, welches in einem mit einem guten Rührwerk ausgestatteten Reaktionsgefäß mit dem Alkylbenzol umgesetzt wurde. Dazu mußte das SO_3 verdampft werden. Ein SO_3/Luft-Gemisch von ca. 60° C wird in das vorgekühlte Alkylbenzol eingeleitet, wobei die Umsetzungstemperatur nicht über 20° C liegen soll. Der Vorteil des SO_3-Verfahrens besteht darin, daß es unmittelbar zur Bildung der Sulfonsäure ohne Nebenprodukte wie Schwefelsäure führt.

Die heute meist angewendeten Sulfonier-Verfahren [15] setzen sich aus drei Stufen – der SO_3-Erzeugung, der SO_3-Sulfonierung und der Neutralisation – zusammen. Die SO_3-Erzeugung, welche im Wesentlichen auf dem Kontaktschwefelsäure-Verfahren beruht, besteht in der kontinuierlichen Eindosierung von geschmolzenem Schwefel und Luft in den Schwefel-Verbrennungsofen (ca. 720° C) und der katalytischen Oxidation des SO_2/Luftgemisches bei ca. 450° C in Gegenwart von Vanadiumpentoxid zu einem SO_3/Luft-Gemisch. Im Sulfonierreaktor treffen der dosierte organische Rohstoff (Alkylbenzol, Fettalkohol etc.) und das ca. 40–60° C warme SO_3/Luft-Gemisch aufeinander, wobei ein Molverhältnis von SO_3 zu Rohstoff zwischen 1:1 und 1,1:1 eingehalten wird. Die Sulfonierung läuft hier in dem einstufigen Reaktor unter intensiver Vermischung und Kühlung in sehr kurzer Zeit ab. Nach Verlassen des Reaktors wird das Sulfonierungsprodukt mit kaltem Reaktionsprodukt gekühlt und vermischt und in einem Umwälzbehälter mit einem Zyklon vom Restgas befreit. Abbildung 20 zeigt das Fließschema des Chemithon-Verfahrens, welches die Sulfonierung mit Vorkehrungen zur Erzeugung von 98-proz. Schwefelsäure kombiniert.

5. Chemische Zusammensetzung der grenzflächenaktiven Substanzen

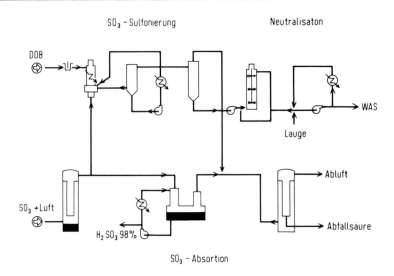

Abb. 20. SO₃-Sulfonierung nach dem Chemithon-Verfahren. DDB = Dodecylbenzol; WAS = waschaktive Substanz.

Das SO_3-Sulfonier-Verfahren nach Ballestra [16] unterscheidet sich von der Chemithon-Sulfonierung häuptsächlich durch die Verwendung von Wärmeaustauschern in der SO_3-Erzeugung und die automatische Steuerung der Sulfonier-Reaktoren. Dazu dient eine automatische Analysenvorrichtung, die den Gehalt an Sulfonsäure und Ausgangsprodukt („Neutralöl"*) kontinuierlich bestimmt und die Zudosierung des Alkylbenzols zum Sulfonier-Reaktor regelt. Die Sulfonierung erfolgt hier bei 50° C (Fettalkohol 35° C), die Neutralisation bei 45—50° C (s. Abb. 21).

In der Sulfonierstufe sind Reaktions- und Kühltemperatur entscheidend für die Produktqualität. Sie sollen so niedrig wie möglich liegen.

Zur anschließenden Neutralisation wird das Neutralisationsmittel zusammen mit der Sulfonsäure oder dem Schwefelsäureester in einen Umwälzkreislauf aus bereits neutralisiertem Produkt eingegeben. Die Mischung erfolgt in einer Zentrifugalpumpe, die das gesamte Reaktionsgemisch durch ein Wärmeaustauschsystem führt. Mit einer solchen Anlage werden Neutralisate der in Tabelle 8 gezeigten Zusammensetzung erhalten.

---

[*] „Neutralöl" umfaßt alle außer Sulfonsäuren im Sulfiergemisch enthaltenen Stoffe wie Sulfone, unsulfierbare Anteile und unumgesetztes Ausgangsprodukt (Alkylbenzol), welches durch Extraktion des Sulfiergemisches mit Petroläther von der Sulfonsäure abgetrennt wird.

5.1. Alkylbenzolsulfonate

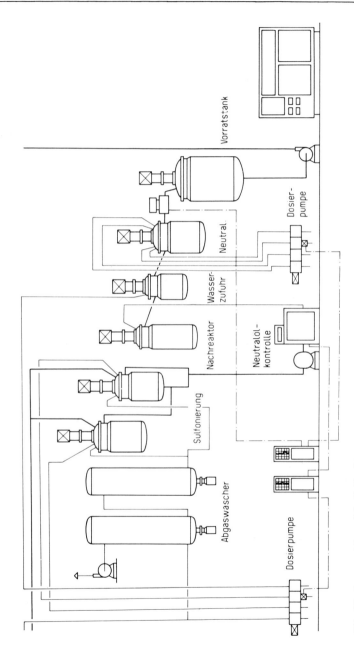

Abb. 21. Automatisierte SO$_3$-Sulfonierung.

5. Chemische Zusammensetzung der grenzflächenaktiven Substanzen

Tabelle 8. Zusammensetzung von Aklylbenzolsulfonaten sowie von sulfatierten Fettalkoholen und Polyhydroxyäthanolaten.

Waschaktive Substanz (WAS)	Äther-Extrakt in % WAS	WAS/Na_2SO_4	WAS-Konz. (%)
Alkylbenzolsulfonat	1,2	99/1	50
Laurylalkoholsulfat	1,5	98/2	50
Talgfettalkoholsulfat	4,5	98/2	40
Laurylalkohol-Äthylenoxid-Adduktq	1,0	99/1	60
Nonylphenol-Äthylenoxid-Addukt	4,0	98,5/1,5	60

Für die Sulfonierung von 100 kg Alkylbenzol werden 14 bis 16 kg Schwefel und 225–300 m^3 Trockenluft benötigt.

SO_3-Sulfonierungsverfahren der genannten Art können nicht nur zur Verarbeitung von Alkylaromaten, sondern auch zur Sulfatierung von Fettalkoholen, von Polyäthylenoxid-Addukten etc. dienen.

Die Analysenzahlen in Tabelle 9 zeigen die Zusammensetzung der Marlican-Sulfonsäure und der daraus erhaltenen Sulfonatpaste mit einem Gehalt von 50 % waschaktiver Substanz.

Tabelle 9. Zusammensetzung von Dodecylbenzolsulfonsäure (Marlican-Sulfonsäure*)) und daraus erhaltener Sulfonatpaste.

Säure:	Sulfonsäure	97,5 %
	H_2SO_4	0,5 %
	unsulfon. Bestandteile	2,0 %
	Viscosität (50° C)	300 cP
	Wasser	Spuren
Sulfonat:	unsulfon. Bestandteile	0,6 %
	Waschakt. Substanz	50,0 %
	Na_2SO_4	0,5 %
	NaCl	0,3 %

Der Gehalt an Kochsalz rührt von der Bleichung der Sulfonatlösung mit Chlorlauge her.

[*] Marlican = Alkylbenzol der Chemischen Werke Hüls AG.

5.1.2. Eigenschaften und Verwendung der Alkylbenzolsulfonate

Die Eigenschaften synthetischer gerad- und verzweigtkettiger Alkylbenzolsulfonate können heute als weitgehend geklärt angesehen werden. Dazu haben u. a. die Untersuchungen von Griess [17] und von Kühn [18] beigetragen. Als besondere Kennzeichen zur Charakterisierung der gerad- und verzweigtkettigen Alkylbenzolsulfonate wurden die Löslichkeit bei verschiedenen Temperaturen sowie die kritische Micellbildungskonzentration herausgestellt (Abb. 22).

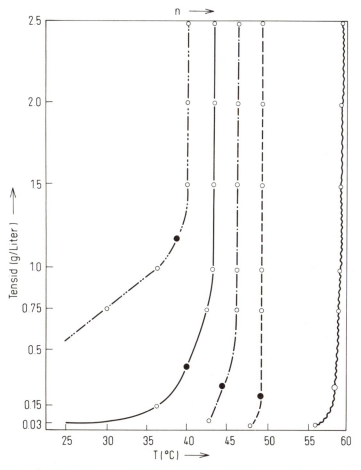

Abb. 22. Löslichkeit der höheren geradkettigen Alkylbenzolsulfonate p–$H_3C(CH_2)_{12}$-C_6H_4-SO_3 in destilliertem Wasser, n = 9, 11, 13, 15, 17, nach Griess [17]

5. Chemische Zusammensetzung der grenzflächenaktiven Substanzen

Tabelle 10. Kritische Micellbildungskonzentration c_k und Oberflächenspannung von Alkylbenzolsulfonaten nach Griess [17].
Bestimmung durch titrimetrische Ermittlung des Umschlagspunktes von Rhodamin 6 G im UV-Licht, gemessen bei 75°C in destilliertem Wasser.

Alkylrest	$c_k \cdot 10^{-3}$ (M)	c_k (g/Liter)	$\gamma_{75}°$ bei c_K (dyn/cm)
Geradkettige Verbindungen			
n-Butyl	keine Micellen	—	—
n-Amyl	keine Micellen	—	—
n-Hexyl	37.1 ± 0.5	9.80 ± 0.10	40.0
n-Heptyl	20.9 ± 0.05	5.80 ± 0.06	34,6
n-Octyl	1.4 ± 0.05	3.10 ± 0.05	45.0
n-Nonyl	6.50 ± 0.03	1.99 ± 0.01	40.8
n-Decyl	3.70 ± 0.03	1.18 ± 0.01	40.3
n-Dodecyl	1.19 ± 0.01	0.414 ± 0.004	39.3
n-Tetradecyl	0.66 ± 0.002	0.248 ± 0.001	38.6
n-Hexydecyl	0.638 ± 0.01	0.275 ± 0.005	59.1
Verzweigtkettige Verbindungen			
2-Äthyl-hexyl	25,4 ± 0.1	7.42 ∓ 0.02	30.0
2-Propyl-heptyl	8.48 ± 0.02	2.72 ± 0.02	30.2
2-Butyl-octyl	3.20 ± 0.02	1.12 ± 0.01	27.9
2-Amyl-monyl	3.32 ± 0.03	1.251 ± 0.003	31.4
1-Hexyl-hexyl	3.12 ± 0.003	1.08 ± 0.01	43.0
Tetrapropylen (1,3,5,7-Tetramethyl-octyl)	3.74 ± 0.01	1.31 ± 0.01	31.2
Gemische (Molarés Mischungsverhältnis 1 : 1)			
n-Dodecyl n-Tetradecyl	1.026 ± 0.004	0.372 ± 0.001	38.5
n-Decyl n-Tetradecyl	1.27 ± 0.01	0.442 ± 0.004	36.9
n-Dodecyl 2-Butyl-octyl	2.06 ± 0.02	0.718 ± 0.005	36.9
2-Butyl-octyl 2-Amyl-nonyl	3.30 ± 0.03	1.19 ± 0.01	31.1
2-Propyl-heptyl 2-Amyl-nonyl	5.18 ± 0.04	1.80 ± 0.02	31.4

5.1. Alkylbenzolsulfonate

Die Micellbildung tritt bei geradkettigen Alkylbenzolsulfonaten erst von n-Hexylbenzolsulfonat an auf. Die niedrigste kritische Konzentration zeigt n-Hexadecylbensolsulfonat, doch bestehen bei den langkettigen Verbindungen mit C_{12}- bis C_{18}-Alkylketten nur geringe Unterschiede in Bezug auf die Höhe der kritischen Konzentration. Auch die verzweigtkettigen Verbindungen sind zur Micellbildung befähigt, doch liegt die kritische Konzentration stets höher als bei den geradkettigen Substanzen mit vergleichbarer Anzahl C-Atome. Durch die Verzweigung wird die Micellbildung offenbar erschwert (Tabelle 10).

Oberflächenspannung, Netzvermögen, Schaumvermögen und Schaumbeständigkeit sind abhängig von der Länge der Alkylkette. Werden diese Werte für die gerad-

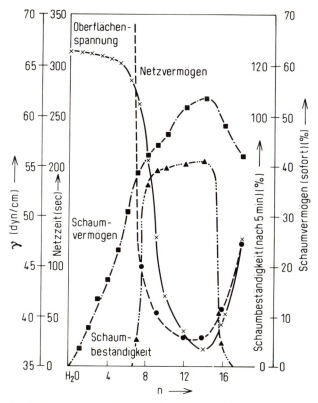

Abb. 23. Oberflächenspannung, Netzvermögen, Schaumvermögen und Schaumbeständigkeit als Funktion der Länge der Alkylkette von n-Alkylbenzolsulfonaten $p-H_3C(CH_2)_n-C_6H_4-SO_3^{\ominus}$, n = 3, 7, 11, 14 (T = 65° C, c = 0,005 mol/Liter) nach Kühn [18].

kettigen Alkylbenzolsulfonate (Lösungen mit 0,005 mol/Liter, d. h. bei Dodecylbenzolsulfonat 1,725 g/Liter) bei 65° C gegen die Oberflächenspannung in dyn/cm aufgetragen, so zeigt sich bei C_{14} ein ausgeprägtes Minimum (Abb. 23).

Die Ursache für den Beginn der Wirksamkeit bei der C_7-Kette und für das Optimum bei C_{12} ist die Verstärkung der van der Waalsschen Kräfte mit steigender Kettenlänge. Sie führen ab C_7 zur Bildung eines Oberflächenfilms, dessen Konzentration an oberflächenaktiven Molekülen bis C_{14} zunimmt und so eine immer stärkere Erniedrigung der Oberflächenspannung hervorruft. Parallel dazu beginnt ab C_9 in der Lösung eine Aggregation der Tensidionen zu Micellen. Bei Ketten mit mehr als 14 C-Atomen werden die von den hydrophoben Resten ausgehenden van der Waalsschen Kräfte so stark, daß die mit wachsender Größe langsamer zur Grenzfläche wandernden Micellen schließlich im Inneren der Lösung überwiegend aggregiert werden und immer weniger einen Oberflächenfilm bilden können. Auf diese Weise steigt die Oberflächenspannung wieder an; Netzvermögen, Schaumvermögen und Schaumbeständigkeit gehen zurück. Bei höheren Temperaturen verschieben sich die optimalen Wirkungen zu den längeren Ketten. Je nach der Anwendungstemperatur sind somit bei den C_{12}- bis zu den C_{18}-Alkylketten die günstigsten Wirkungen zu erwarten.

Bei Alkylbenzolen mit verschiedener Substitution der Seitenkette ist bei gleicher Gesamtzahl der C-Atome die Erniedrigung der Oberflächenspannung z. T. erheblich stärker als bei der geradkettigen Verbindung, wie Abbildung 24 zeigt.

Nach Griess ist auch die Netzwirkung der verzweigten Alkylbenzolsulfonate ausgezeichnet; Tetrapropylenbenzolsulfonat zeigt in 0,001 M Lösung optimale Wirkung.

Hinsichtlich des Schaumvermögens sind die verzweigtkettigen Alkylbenzolsulfonate den geradkettigen mit 12 oder 14 C-Atomen etwas unterlegen. Unter den letzteren zeigen Tetradecyl- und in geringem Abstand Dodecylbenzolsulfonat optimale Werte.

Erniedrigung und Erhöhung der Anzahl C-Atome in der Seitenkette bewirken einen Abfall des Schaumvermögens; zunehmende Wasserhärte erniedrigt das Schaumvermögen besonders der langkettigen Alkylbenzolsulfonate erheblich.

Während bei den n-Alkylbenzolsulfonaten die Oberflächenspannung bereits bei den Tetradecyl-Derivaten optimal erniedrigt wird, wirkt sich eine Teilung der Alkylkette ähnlich wie Verzweigungen in einer Kette in verstärkter Depression der Oberflächenspannung aus, die sich, wie Abbildung 25 zeigt, bei den 2,5-Dialkyl-1-benzolsulfonaten bis zu ingesamt 16 C-Atomen in den Dialkylresten verfolgen läßt.

5.1. Alkylbenzolsulfonate

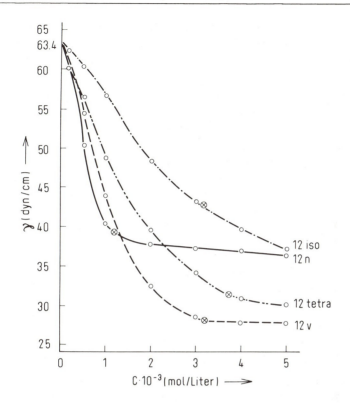

Abb. 24. Abhängigkeit der Oberflächenspannung von der Konstitution der Alkylkette bei Alkylbenzolsulfonaten mit 12 C-Atomen im Alkylrest. Messung von Lösungen in destilliertem Wasser bei 75° C mit dem Stalagmometer in wasserdampfgesättigter Luft. x = kritische Micellbildungskonzentration; 12iso = 1-Hexyl-hexylbenzolsulfonat; 12n = n-Dodecylbenzolsulfonat; 12tetra = Tetrapropylenbenzolsulfonat (1,3,5,7-Tetramethyl-octylbenzolsulfonat); 12v = 2-Butyl-octylbenzolsulfonat.

Auch die kritischen Micellbildungskonzentrationen (c_k-Werte) für die Dialkylderivate liegen niedriger als die für n-Alkylderivate bei gleicher Anzahl C-Atome.

Die Waschwirkung wird sowohl mit zunehmender Verzweigung der Alkylkette als auch durch Kettenteilung gegenüber der geradkettigen Verbindung mit gleich vielen C-Atomen herabgesetzt. Wie bei vielen anderen Tensiden werden somit bei sperrigem Molekülbau zwar größere Gewebsflächenteile erfaßt (bessere Benetzung), aber pro Schmutzteilchen können sich auch weniger hydrophile Gruppen umnetzend und ablösend betätigen (schlechteres Waschvermögen).

50 5. Chemische Zusammensetzung der grenzflächenaktiven Substanzen

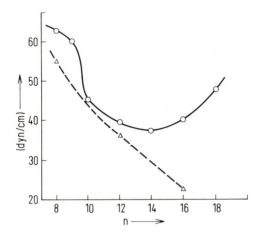

Abb. 25. Oberflächenspannung wässriger Lösungen von Natrium-4-n-alkyl-1-benzolsulfonaten (———) und Natrium-2,5-dialkyl-1-benzol-sulfonaten (– – –) als Funktion der Alkylkettenlänge nach Kölbel [17].

Die wichtigsten in der Bundesrepublik Deutschland hergestellten Alkylbenzolsulfonate mit Alkylresten von 12–14 C-Atomen sind:

Marlon- und Marlopontypen der Chemischen Werke Hüls, Marl
Korenyl und Lynerol der Rheinpreußen AG, Homberg
Phenylsulfonat HSR der Farbwerke Hoechst
Basopal NA und Arylsulfonat der BASF.

Außerdem werden, besonders von den Chemischen Werken Hüls, auch die freien Alkylbenzolsulfonsäuren gehandelt, z. B. Marlon AS_3-Säure, Korenyl und Lynerol 84 (Rheinpreußen), Lumo-Säure (Zschimmer und Schwarz). Solche Produkte enthalten bis zu 98 % Dodecylbenzolsulfonsäure neben wenig Unsulfoniertem, Wasser und freier Schwefelsäure.

5.1.3. Literatur

[1.]   W. Krafft, Ber. dtsch. chem. Ges. *19*, 2903 (1886).
[2.]   N. K. Adam, Proc. Roy. Soc. (London), Ser. A *103*, 676 (1923).
[3.]   F. Günther, K. Hausmann u. Frank, Franz. Pat. 766 903 (1941); Brit. Pat. 416 739 (1935); Us-Pat. 2 220 099 (1941), alle I. G. Farbenindustrie; Chem. Abstr. *35*, 1548 (1941).
[4.]   H. Flett, US-Pat. 2 134 711 (1938); Chem. Abstr. *32*, 9984 (1938).

[5.]   R. Ströbele, Chemie-Ing.-Technik *36*, 858 (1964), dort Abb. 2.
[6.]   K. Ziegler, Brennstoffchemie *33*, 153 (1952); *35*, 321 (1954); Angew. Chem. *64*, 323 (1952).
[7.]   R. Ströbele, Chemie-Ing.-Technik *36*, 858 (1964).
[8.]   Chem. Engng. News vom 22. Mai 61, S. 56 (1961).
[9.]   H. D. Wulf u. W. Schmidt, Belg. Pat. 632 808 (1964), Chemische Werke Hüls; Chem. Abstr. *61*, 5240 (1964).
[9a.] P. Baumann, IV. Int. Congress on Surface Active Substances, Brüssel 1964, Gordon and Breach Sci. Publ., London 1968, Bd. 1, S. 1.
[10.] A. H. Lewis, US-Pat. 2 631 980 (1949), California Res.; Chem. Abstr. *47*, 5706a (1953).
[11.] H. D. Wulf, Th. Böhm-Gössl u. L. Rohrschneider, Fette-Seifen-Anstrichmittel *69*, 1, 32 (1967).
[12.] A. C. Olson, Ind. Engng. Chem. *52*, 833 (1960).
[13.] H. R. Alul, Ind. Engng. Chem. Product Res. Devolopment 7, 7 (1968).
[14.] F. Asinger et al., Erdöl u. Kohle *20*, 12, 852 (1967).
[14a.] K. Lindner: Tenside, Textilhilfsmittel, Waschrohstoffe. Wissenschaftl. Verlagsges., Stuttgart 1964.
[15.] W. Carasik u. J. Hughey, Soap Chem. Specialties Juni 1964, S. 49.
[16.] S. J. Silvis u. M. Ballestra, J. Amer. Oil Chemists' Soc. *40*, 618 (1963).
[17.] H. Kölbel u. W. Griess, Fette-Seifen-Anstrichmittel *57*, 24, 168 (1955).
[18.] H. Kölbel u. P. Kühn, Angew. Chem. *71*, 211 (1959).

5.2. Alkylnaphthalinsulfonate

Der Anwendung der Alkylbenzolsulfonate als oberflächenaktive Substanzen ging zeitlich die der Alkylnaphthalinsulfonate voraus. Es wurde bereits erwähnt, daß mit dem DRP 336 558 bei der Badischen Anilin- und Soda-Fabrik schon 1922 von Günther und Mitarbeitern die Herstellung und Verwendung von Alkylnaphthalinsulfonaten als Netzmittel unter Patentschutz gestellt wurde; unter den Markenbezeichnungen Nekal, Leonil, Oronit etc. wurden sie in die Textilpraxis eingeführt. Als eigentliche Waschmittel aber spielten diese Produkte vom Nekaltyp nur in Notzeiten eine gewisse Rolle. Auch heute noch ist man sich über ihre Bewertung als waschaktive Substanzen nicht einig, zumal die überwiegende Anzahl dieser Produkte ein oder zwei kurzkettige Alkylreste aufweist, wobei die Dialkylnaphthalinsulfonate sich den Monoalkylderivaten in ihrer Netzwirkung als überlegen erwiesen haben. Eine weitere Verstärkung der Netzwirkung wird durch die Einführung von zwei Isobutyl-Resten anstelle der zuerst verwandten Isopropyl-Reste erreicht,

5. Chemische Zusammensetzung der grenzflächenaktiven Substanzen

denn die Verzweigung im Kohlenwasserstoff-Skelett der Isoverbindung wirkt sich netztechnisch günstig aus und verstärkt den sperrigen Bau der Moleküle des Nekaltyps.

Bei den ersten technischen Verfahren zur Herstellung von Alkylnaphthalinsulfonaten wurde die Reaktionsfähigkeit zweikerniger aromatischer Kohlenwasserstoffe mit niedrigmolekularen aliphatischen Alkoholen in Gegenwart wasserentziehender Kondensationsmedien wie konzentrierter Schwefelsäure benutzt, eine Reaktion, der Isoalkohole sowie sek. Alkohole besonders leicht zugänglich sind. Die Umsetzung führt in einem Arbeitsgang zu den gewünschten Mono-, Di- oder Trialkylnaphthalinsulfonaten.

$$\underset{H_3C}{\overset{H_3C}{\text{CHOH}}} + H_2SO_4 \xrightarrow{-H_2O} \underset{H_3C}{\overset{H_3C}{\text{HC}}}-O-\underset{O}{\overset{O}{\text{S}}}-OH \xrightarrow{-H_2SO_4} \underset{H_3C}{\overset{H_3C}{\text{HC}}}\!\!-\!\!\bigcirc\!\bigcirc \xrightarrow{+H_2SO_4} \underset{H_3C}{\overset{H_3C}{\text{HC}}}\!\!-\!\!\bigcirc\!\bigcirc\!\!-SO_3H$$

5.3. Alkansulfonate

Unter dieser Gruppe von Tensiden werden allgemein alle die Gruppe $-C-SO_2-O$ $M^{\oplus}$ enthaltenden oberflächenaktiven Substanzen verstanden. Man trifft sowohl den primären, d. h. endständigen Typ I als auch den sekundären, also innenständigen Typ II an.

$$\underset{I}{R-SO_3^{\ominus}\ M^{\oplus}} \qquad \underset{II}{\underset{SO_3^{\ominus}\ M^{\oplus}}{R-CH-R^1}}$$

Trotz formaler Ähnlichkeit unterscheiden sich die Alkansulfonate von den Alkylsulfaten nicht nur durch die fehlende Sauerstoffbrücke, sondern auch durch die weit größere Stabilität der $-C-SO_3^-$-Gruppe. So gehen die Sulfate in stärker saurer Lösung bei höherer Temperatur unter Sulfat-Abspaltung in die Alkohole über, die Alkansulfonate dagegen nicht.

Die Löslichkeit der Alkalimetall- und Erdalkalimetall-sulfonate ist jedoch geringer als die der entsprechenden Sulfate. Das zeigt ein Vergleich der Löslichkeiten von primären C_{12}-Alkansulfonaten bei 50° C in Wasser und in Lösungen der entsprechenden Natriumsalze [1].

	in Wasser	in Lösg. des Na-Salzes
Calciumdodecansulfonat	0,22 g/l	1,7 g/l
Calciumdodecylsulfat	2,61 g/l	72,7 g/l

5.3. Alkansulfonate

Der stärker saure Charakter der Alkansulfonsäuren ist durch stärkere Dissoziation und geringere Neigung zur Aggregation als bei den Alkylsulfaten mit gleicher Anzahl C-Atome bedingt. Das mag auch der Grund für die beobachteten schlechteren Wasch- und Avivierwirkungen der Sulfonate gegenüber den Sulfaten sein, weshalb den Alkylsulfaten trotz schlechterer Säurebeständigkeit der Vorzug gegenüber den Sulfonaten gegeben wird. Trotz der angeführten Nachteile sind jedoch mehrere großtechnische Verfahren für Alkansulfonate entwickelt worden, deren Produkte zum großen Teil in Kombination mit anderen Tensiden Verwendung finden. Abgesehen von den lediglich präparativ interessanten Verfahren können Alkansulfonate nach den folgenden Methoden gewonnen werden:

1. Umsetzung von Alkylsulfaten mit Natriumsulfit [1a]

$$R-CH_2-OSO_3Na + Na_2SO_3 \longrightarrow R-CH_2-SO_3Na + Na_2SO_4$$

2. Anlagerung von Natrium- oder Ammoniumhydrogensulfit an Olefine in Gegenwart eines Oxidationskatalysators [2–6]

$$HSO_3^{\ominus} + R-CH=CH_2 \longrightarrow R-CH_2 \cdot CH_2 \cdot SO_3^{\ominus} \xrightarrow[+[O]]{HSO_3^{\ominus}} R-CH_2 \cdot CH\begin{smallmatrix}SO_3^{\ominus}\\SO_3^{\ominus}\end{smallmatrix}$$

3. Sulfochlorierung von Paraffinen durch Einwirkung von SO_2 unter Belichtung und Verseifung der Sulfonylchloride (Bildung von nicht endständigen Sulfonaten) [7,8]

$$RH + SO_2 + Cl_2\, h\gamma \longrightarrow R-SO_2Cl + HCl$$

$$R-SO_2Cl + 2\, NaOH \longrightarrow R-SO_3Na + NaCl + H_2O$$

4. Sulfoxidation
(Bildung von nicht endständigen Sulfonaten) [9,10]

$$RH + SO_2 + \frac{1}{2} O_2 \longrightarrow RSO_2OH$$

Während die unter 1 und 2 genannten Verfahren fast ausschließlich zu Sulfonaten mit endständiger hydrophiler Gruppe führen, liefern die beiden anderen Verfahren ein Gemisch sekundärer Alkansulfonate mit annähernd gleichmässiger Verteilung der Säuregruppe über die Paraffinkette. Diese nicht endständigen Alkansulfonate lassen bei gleicher Anzahl C-Atome den hydrophilen Charakter der Sulfonsäuregruppe weit stärker zur Geltung kommen als die primären Sulfonate. So löst sich primäres Natrium-octadecansulfonat bei 25° C nur zu 0,01 % und bei 60° C zu 1,31 % in Wasser; das entsprechende innenständige Sulfonat dagegen ist leicht löslich. Die sek. Sulfonate erhöhen die Löslichkeit ihrer primären Partner, so daß Mischsulfonate trotz ihres Anteils an relativ schwerlöslichen primären Sulfonaten leicht löslich sind.

Einen Überblick über die Löslichkeiten und kritischen Micell-Konzentrationen der primären Natrium-alkansulfonate gibt Tabelle 11.

Tabelle 11. SO_3-Gehalt von Natrium-alkansulfonaten (R–SO_3Na) und deren Löslichkeiten

R	Mol.-Gew.	SO_3 (%)	Löslichkeit (g/Liter)			
Buthyl	160	50				
Pentyl	174	45,98				
Hexyl	188	42,55				
Heptyl	202	39,60				
Octyl	216	37,03	744,0	(25°C)		
Nonyl	230	34,78				
Decyl	244	32,78	10,4	(23°C);	59,6	(22°C)
Undecyl	258	31,0				
Dodecyl	272	29,41	2,77	(32°C);	2,64	(31,5°C)
Tridecyl	286	27,97				
Tetradecyl	300	26,66	0,87	(40°C);	0,9	(39,5°C)
Pentadecyl	314	25,47				
Hexydecyl	328	24,39				
Heptadecyl	342	23,39	0,35	(47,5°C);	0,32	(47,5°C)
Octadecyl	356	22,47	0,27	(57,0°C);	0,21	(57°C)
Nonadecyl	370	21,62				
Eikosyl	384	20,83				

Den Einfluß der Stellung der Sulfonsäuregruppe im Paraffinmolekül hat Asinger durch Vergleich der Netzwirkung von synthetisch hergestellten Isomeren der Hexadecansulfonate mit der SO_3H-Gruppe an C–1 bis C–8 in wässriger Lösung untersucht. Abbildung 26 zeigt, daß das 1-Octyl-octansulfonat optimale Wirkung hat.

5.3. Alkansulfonate

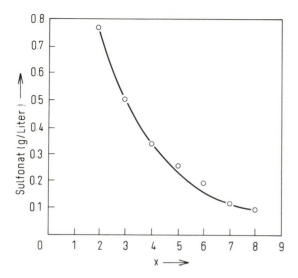

Abb. 26. Löslichkeit der isomeren Natrium-hexadecansulfonate in Abhängigkeit von der Stellung der Sulfonsäuregruppe und der Konzentration des Sulfonats (20° C). Sulfonsäuregruppe an C_x.

Die ebenfalls auf Arbeiten von Asinger zurückgehende Abbildung 27 zeigt die Abhängigkeit der Netzwirkung von Paraffinsulfonaten vom Siedebereich des Ausgangskohlenwasserstoffe.

Die Wanderung der Sulfonsäuregruppe vom Molekülende zur Molekülmitte wirkt sich daher auf das Netzvermögen günstig aus.

Dagegen nimmt ebenfalls nach Feststellungen von F. Asinger die Wirkung in der Weißwäsche (Baumwollwäsche) in dem Maße ab, wie die Sulfonsäuregruppe nach innen wandert, obschon die Unterschiede nicht so ausgeprägt wie bei der Netzwirkung sind. Es deuten jedoch alle Befunde darauf hin, daß anionaktive Tenside mit endständiger hydrophiler Gruppe optimale Waschwirkung haben.

Nach Untersuchungen von Lindner wirkt sich auch die Wasserhärte nachteilig auf die Waschkraft von Alkansulfonaten aus. Sie bilden zwar lösliche Calciumsalze, doch sind diese im Waschprozeß weniger aktiv als die Natriumsulfonate, und ein eigentlicher Wascheffekt ist wie bei allen Tensiden nur in alkalischer Flotte zu erzielen (vgl. Tabelle 12).

5. Chemische Zusammensetzung der grenzflächenaktiven Substanzen

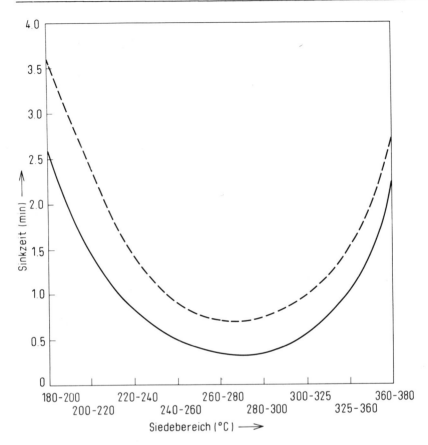

Abb. 27. Abhängigkeit der Netzwirkung von Paraffinsulfonaten von der Kettenlänge des Ausgangskohlenwasserstoffs. Als Maß der Kettenlänge dient der Siedebereich. (- - -) monosulfoniert; (———) halbsulfoniert.

Tabelle 12. Aufhellungseffekt von Mersolaten [10a].

Waschmittel	Konz. (g/Liter)	Aufhellung (%)
Mersolat H	2	8,1
Ca-Mersolat	2	5,9
Mersolat H + Soda calc.	2 + 2	19,1

5.3. Alkansulfonate

Dieser etwas kritischen Beurteilung von Alkansulfonaten steht eine andere Bewertung solcher Produkte von Beermann gegenüber, welcher Alkansulfonate, hergestellt durch Sulfoxidation nach dem Licht-Wasser-Prozeß, mit geradkettigen Alkylbenzolsulfonaten in Bezug auf Netzkraft, Schaumkraft, Aufhellungseffekt bei Baumwolle und Wolle sowie Abbaufähigkeit und O_2-Verbrauch (Warburg-Apparatur) miteinander verglichen hat [11]. Es fehlen jedoch nähere Angaben über die Konstitution der angewendeten Alkansulfonate.

Alkansulfonate sollen zu 97—99 %, Alkylbenzolsulfonate mit unverzweigter Alkylkette zu 90 % biologisch abbaubar sein.

Das unter 1. genannte Verfahren zur Herstellung von Alkansulfonaten hat keine praktische Bedeutung, da die oberflächen- und waschaktiven Eigenschaften der Alkylsulfate denen der Sulfonate mindestens gleichwertig, wenn nicht überlegen sind. Von einer Besprechung kann daher abgesehen werden.

Eine gewisse Bedeutung hat aber die zu endständigen Sulfonaten führende Einwirkung von Hydrogensulfit auf Olefine. Während aktivierte olefinische Doppelbindungen, d. h. solche mit benachbarter Carboxyl- oder Carbonylgruppe, ohne weiteres Hydrogensulfit addieren, lagern Olefine dieses nur nach einer Aktivierung durch Oxidationskatalysatoren an. Als solche können Peroxide, Sauerstoff, oder Luft, Nitrate oder Nitrite, Natriumchlorat, Kaliumdichromat, Perchlorsäure u. a. dienen. Die Reaktion wird in Gegenwart von Verdünnungsmitteln wie Alkoholen bei 60—100° C vorgenommen. Die Reaktionszeiten bis zum vollständigen Olefin-Umsatz betragen 3—16 Std. [12].

Dieser Reaktion sind in erster Linie α-Olefine zugänglich, während Olefine mit mittelständiger Doppelbindung nur dann — wesentlich langsamer — Hydrogensulfit anlagern, wenn ein gewisser Anteil von α-Olefinen im Olefin enthalten ist.

Durch Behandlung mit einem Silicat-Katalysator (Montmorillonit) bei 140° C in flüssiger Phase isomerisiertes α-Olefin reagierte mit Hydrogensulfit-Lösung (ca. 30-proz.) umso schlechter, je vollständiger das Olefin isomerisiert, d. h. je weiter sich die Doppelbindung über die C-Kette verteilt hatte.

Unter gewissen Bedingungen gelingt es, zwei mol Hydrogensulfit mit einem mol α-Olefin vollständig umzusetzen.

$$R-CH=CH_2 \xrightarrow{NaHSO_3} R-CH_2-CH_2-SO_3Na \xrightarrow{NaHSO_3} R-CH_2-CH\begin{array}{c}SO_3Na\\SO_2Na\end{array}$$

Das auf Reed zurückgehende Verfahren der Herstellung von Alkansulfonaten durch Sulfochlorierung beruht auf der Einwirkung von SO_2 und Cl_2 in äquimolekularen Anteilen auf höhermolekulare geradkettige Paraffine, welche möglichst olefinfrei sind, unter Aktivierung mit Licht. Zunächst müssen Chlor-Radikale geschaffen werden, wobei eine Quecksilberdampflampe hinter Quarzfenstern als Strahlungsquelle dient [13].

Reaktionskinetisch wird die Sulfochlorierung in folgende Einzelreaktionen zerlegt:

$$RH + SO_2 + 1/2\, O_2 \longrightarrow R\!-\!SO_2OH$$

$Cl_2 + h\nu \longrightarrow 2\, Cl\cdot$		(a)
$RH + Cl\cdot \longrightarrow R\cdot + HCl$		(b)
$R\cdot + SO_2 \longrightarrow RSO_2\cdot$		(c)
$RSO_2\cdot + Cl_2 \longrightarrow RSO_2Cl + Cl\cdot$		(d)
$RSO_2\cdot + Cl\cdot \longrightarrow RSO_2Cl$		(e)

Bei einem Paraffin der Bruttoformel $C_{12}H_{26}$ sind nach Asinger die C-Atome 2–6 zu 18 %, die endständigen C-Atome nur zu 10 % an der Reaktion beteiligt. Demnach ist die SO_2Cl-Gruppe oder nach der Verseifung die SO_3Na-Gruppe unter einer gewissen Benachteiligung der endständigen C-Atome über das Molekül verteilt. Im Sulfonat-Gemisch sind die Anteile mit innenständiger Sulfonsäuregruppe vorzugsweise netzaktiv, die Anteile mit endständigen oder nahezu endständigen Sulfonsäuregruppen vorzugsweise waschaktiv.

Unerwünschte Nebenreaktion der Sulfochlorierung sind u. a. die Entstehung von Di- und Polysulfonsäuren neben Monosulfonsäuren, das Auftreten chlorierter Paraffine sowie die Rückbildung von Kohlenwasserstoffen.

Als optimale Bedingungen erwiesen sich: Licht der Wellenlänge 4 000–4 360 Å, Überschuß an SO_2 gegenüber Cl von 10 %, 25–40° C.

Die Bildung von Di- und Polysulfonylchlorid läßt sich nicht völlig vermeiden, jedoch kann sie bei einem Teilumsatz des Paraffins (ca. 22–30 %) stark vermindert werden.

Abbildung 28 zeigt das Schema für die Herstellung von Mersol nach Asinger (vgl. Tabelle 13).

Mersol H besteht im wesentlichen aus Monosulfonylchloriden und Kohlenwasserstoff („Neutralöl") im Verhältnis 1 : 1. Eine Trennung von Mono- und Polysulfonylchloriden ist nur relativ umständlich, nämlich durch Vermischen mit der fünffachen Menge Pentan und Abkühlen auf −30° C, möglich [13a].

5.3. Alkansulfonate

Tabelle 13. Zusammensetzung von Mersolen.

Name	Spez. Gew. bei 20°C	Sulfonyl- chloride (%)	Neutralöl (%)	Monosul- fonyl- chlorid (%)	Disulfonyl- chloride (%)
Mersol 30	0,830	30	70	ca. 94	ca. 6
Mersol H	0,880	ca. 45	ca. 55	ca. 84	ca. 16
Mersol D	1,030	ca. 80–82	ca. 18–20	ca. 60	ca. 40

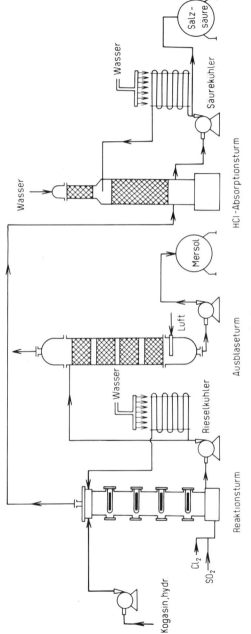

Abb. 28. Schema für die Herstellung von Mersol nach Asinger [ ].

5. Chemische Zusammensetzung der grenzflächenaktiven Substanzen

Es gelang aber, durch geeignete Verseifungsmethoden aus Mersol H ein Mersolat H zu gewinnen, welches schließlich fast keine unverseifbaren Anteile mehr enthielt. Die Verseifung der Sulfonylchloride erfordert die doppelte Menge Alkali wie die Verseifung von Sulfonsäuren oder Schwefelsäureestern.

$$R-SO_2Cl + 2\ NaOH \longrightarrow R-SO_3Na + NaCl + H_2O$$

Man neutralisiert mit 10- bis 20-proz. Lauge bei 70–80° C. Oberhalb 80° C kann sich Mersol unter Bildung von Chloralkan zersetzen.

$$R-SO_2Cl \longrightarrow RCl + SO_2$$

Aus 18- bis 25-proz. Lösung in Wasser lassen sich die unverseifbaren Anteile zum größten Teil abtrennen. Man arbeitet zweckmäßig bei pH = 7–8, da stärker alkalische Lösungen durch Emulsionsbildung die Abtrennung des Unverseifbaren beträchtlich erschweren. Das noch nicht abgeschiedene Kochsalz läßt man sodann aus den verdünnten Mersolatlösungen auskristallisieren.

In den ehemaligen IG-Werken Hoechst und Leuna ist zwischen 1940 und 1945 das Sulfoxidationsverfahren ausgearbeitet worden. Zunächst wird die Reaktion des Paraffins mit SO_2 und Sauerstoff durch Belichten oder durch Zusatz organischer Peroxosäuren oder Ozon eingeleitet und die Reaktion dann in Gegenwart der niedermolekularen Carbonsäureanhydride fortgesetzt. Anschließend wird bei erhöhter Temperatur mit SO_2 und O_2 unter Zusatz von Wasser weiterbehandelt.

$$RH + SO_2 + O_2 \longrightarrow R-SO_2-O-OH$$

Die gebildete Peroxosulfonsäure zersetzt sich augenblicklich in Gegenwart von SO_2 und Wasser unter Reduktion zur Alkansulfonsäure.

$$R-SO_2-O-OH + SO_2 + H_2O \longrightarrow R-SO_3H + H_2SO_4$$

Es entstehen demnach aus olefinfreien aliphatischen Kohlenwasserstoffen mit möglichst wenig verzweigter Kette die Monosulfonsäuren, deren Sulfonsäuregruppen wie bei den Endprodukten der Sulfochlorierung über die aliphatische Kette verteilt sind.

Da bei höheren aliphatischen Kohlenwasserstoffen sehr schnell dunkle Zersetzungsprodukte auftreten, so daß das Licht nicht mehr einwirken kann und die Reaktion zum Stillstand kommt, kann die Reaktion nur bis zu einem Teilumsatz

5.3. Alkansulfonate

von 10 % geführt werden, und es ist erforderlich, die entstandenen Sulfonsäuren mit Wasser zu extrahieren. Durch Teilumsatz und fortlaufende Extraktion der Reaktionsmischung mit Wasser wird auch die Bildung der waschtechnisch weniger wertvollen Di- und Polysulfonsäuren soweit wie möglich vermieden.

Abbildung 29 zeigt eine Schema-Zeichnung des Licht-Wasser-Verfahrens nach Orthner.

Das in Hoechst eingesetzte Paraffin (Mepasin) hatte die Siedegrenzen von 220–240° C und ca. 13–14 C-Atome. Diese Kohlenwasserstofffraktion, SO_2 und O_2 werden in einem säurefesten Reaktionsturm mit acht vertikal angeordneten Quarzlampen mit je 2 000 Watt bei 25–30° C belichtet. Auf 200 Gew.-T. Mepasin werden 100 Gew.-T. Wasser, 80 Gew.-T. SO_2 und 40 Gew.-T. O_2 verwendet. Zur Reduktion der Peroxosulfonsäure unter Zufügen von Wasser dient ein zweiter Reaktionsturm; es schließt sich die Trennung von Mepasin und wässrigem Rohextrakt an, welcher Schwefelsäure und Sulfonsäure enthält. Der Rohextrakt trennt sich in einem weiteren Scheider bei etwas erhöhter Temperatur in eine untere, ca. 22-proz. Schwefelsäure enthaltende Phase, und eine aus Sulfonsäure, etwas Schwefelsäure und Restmepasin bestehende obere Phase. Erst dann folgen Neutralisation und Abtrennung des Restmepasins von der Sulfonatlösung. Die auf diese Weise erhaltenen Sulfonatlösungen werden in Vakuum an einer Verdampferschlange weiter konzentriert.

Beim Essigsäureanhydrid-Verfahren bildet sich ein gemischtes Anhydrid mit der Peroxosulfonsäure (s. Licht-Wasser-Verfahren), das wesentlich stabiler als diese Verbindung ist, aber im übrigen die Kettenreaktion genauso weiterlaufen läßt.

In der ersten Stufe entsteht das Alkylsulfonyl-acetyl-peroxid, in der zweiten Stufe setzt es sich mit SO_2, Sauerstoff und Paraffin um.

$$RH + SO_2 + O_2 + (CH_3-CO)_2O \longrightarrow R-SO_2-O-O-CO-CH_3 + H_3C-COOH$$

$$R-SO_2-O-O-CO-CH_3 + 7\,RH + 7\,SO_2 + 3\,O_2 + H_2O \to 8\,R-SO_3H + H_3C-COOH$$

Die Bildung des Peroxids wird durch aktivierende oder oxidierende Mittel wie UV-Bestarhlung bzw. Zusatz von Peroxosäure oder 30-proz. Wasserstoffperoxid eingeleitet und geht dann nach Zusatz von etwas Essigsäureanhydrid bei 35–40° C weiter. Der Gehalt an Peroxid beträgt ca. 4 % bei kontinuierlichem Abziehen eines Teiles der Lösung sowie Zudosieren von frischem Paraffin und Essigsäureanhydrid.

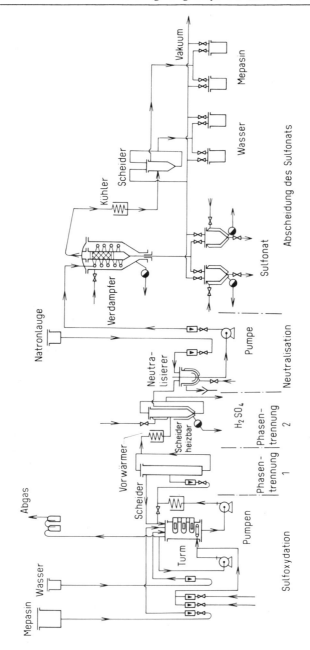

Abb. 29. Sulfoxidation: Licht-Wasserß-Verfahren nach Orthner [13b].

5.3. Alkansulfonate

In einem weiteren Reaktionsturm wird der abgezogene Anteil an in Mepasin gelöstem Peroxid unter Zudosieren von SO_2 und verdünnter Essigsäure bei 55–60° C in Sulfonsäure überführt. Aus 1 mol Peroxid können sich optimal 8 mol Sulfonsäure bilden. In der Praxis werden jedoch nur 1–5 % des Mepasins umgesetzt; der Rest wird zurückgeführt, weil das Verhältnis von Monosulfonsäure zu waschaktiven Disulfonsäuren umso ungünstiger wird, je höher der Umsatz von Paraffin zu Sulfonat ist.

Abbildung 30 zeigt ein Fließschema des Essigsäureanhydrid-Verfahrens nach Orthner.

Die Sulfoxidation ermöglicht eine noch schonendere Umsetzung höhermolekularer Paraffinkohlenwasserstoffe als die Sulfochlorierung; es bilden sich fast ausschließlich Monosulfonsäuren. Die Verwendungsmöglichkeiten und Eigenschaften dieser Sulfonsäuren wurden schon im Abschnitt 5.3 besprochen. Sie sind praktisch die gleichen wie die des Mersols.

5.3.1. 1-Alkensulfonate und Hydroxyalkansulfonate

Seit einigen Jahren steht ein weiteres Verfahren zur Gewinnung anionaktiver Tenside vom Sulfonat-Typ auf der Basis von α-Olefinen im Vordergrund der technischen Entwicklungsarbeiten. Bekanntlich gelingt es, Olefine durch Umsetzung mit konz. Schwefelsäure und anschließende Neutralisation in sek. Alkylsulfate zu überführen. Eine weitere Möglichkeit zur Umwandlung von α--Olefinen ist durch die schon erwähnte Anlagerung von Natriumhydrogensulfit an Olefin mit einen überwiegenden Anteil an α-Olefinen in Gegenwart von Peroxid-Katalysatoren gegeben, welche zu Alkansulfonaten mit endständiger $-C-SO_3Na$-Gruppe führt.

Die jetzt zu besprechende Methode zur Umsetzung von Olefinen mit SO_3 ergibt ein Gemisch von 1-Alkensulfonaten und anderen sulfonierten Produkten. Art und Menge dieser Substanzen sind u. a. vom Molverhältnis SO_3 : Olefin, von Temperatur sowie der An- oder Abwesenheit und der Art der Komplexbildner für SO_3 abhängig. Wesentlich ist ferner, ob das Sulfonierungsmittel dem Olefin zugeführt oder ob umgekehrt verfahren wird. Die Sulfonierung liefert ungesättigte Sulfonsäuren und daneben insbesondere innere Ester von Hydroxyalkansulfonsäuren (Sultone).

Püschel [14] hat den Reaktionsablauf unter Verwendung von SO_3 sowie der Komplexverbindung von SO_3 und Dioxan im einzelnen dargelegt.

Die Sulfonierung von α-Olefinen führt zu Sulfonaten mit endständiger Sulfonsäuregruppe, im wesentlichen zu stellungsisomeren Alkensulfonsäuren, deren Doppelbindung weiter von der Sulfonsäuregruppe an C-1 entfernt ist.

5. Chemische Zusammensetzung der grenzflächenaktiven Substanzen

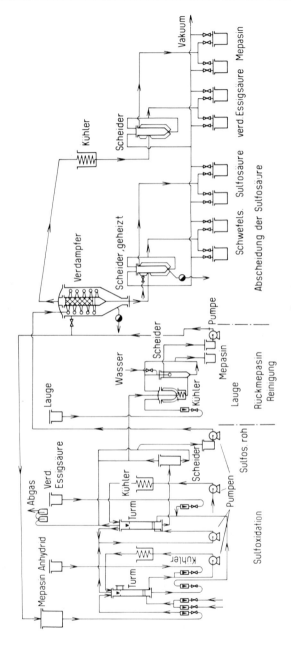

Abb. 30. Sulfoxidation: Essigsäureanhydrid-Verfahren nach Orthner [13b].

5.3. Alkansulfonate

Die wasserunlöslichen Sultone werden durch Hydrolyse in wasserlösliche Sulfonsäuren überführt. Nach Püschel [15] entstehen durch Kochen mit Basen oder mit Säuren etwa 67 % der als Natriumsalze leicht löslichen 3-Hydroxyalkan-1-sulfonate, daneben 33 % ebenfalls leicht löslicher Alkensulfonate, vorwiegend 3-Alken-1-sulfonate. Oberhalb 150° C hat die Eliminierung besonders bei saurer Hydrolyse, den Vorrang: es bilden sich bis zu 80 % Alken-1-sulfonsäuren.

$$R-CH_2-\underset{O-SO_2}{\underbrace{}} \xrightarrow{H_2O} \begin{array}{l} R-CH_2-\overset{OH}{\underset{|}{C}H}-CH_2-CH_2-SO_3H \\ R-CH=CH-CH_2-CH_2-SO_3H \\ R-CH_2-CH=CH-CH_2-SO_3H \end{array}$$

Der wasserunlösliche Teil der Sulfonierungsprodukte der α-Olefine kann außer 1,3 und 1,4-Sultonen noch weitere esterartige Verbindungen in geringer Menge enthalten; der von vornherein wasserlösliche Teil weist außer Alkensulfonsäuren ihre Reaktionsprodukte mit SO_3, z. B. Alkendisulfonsäuren und Hydroxyalkandisulfonsäuren auf, deren Konstitution jedoch noch nicht genau festgelegt werden konnte.

Teilweise anders verläuft die Sulfonierung von α-Olefinen mit SO_3-Komplexen, insbesondere mit Sauerstoffverbindungen; vor allem das Addukt von SO_3 an Dioxan wurde häufig verwendet. Diese komplexbildende Lewis-Base erschwert die Isomerisierung des intermediär gebildeten Zwitterions (I), ferner entstehen aus 2 mol SO_3 und 1 mol Olefin Dioxadithianderivate wie II.

$$R-CH_2-CH_2-CH_2-\overset{\oplus}{C}H-CH_2-SO_2O^{\ominus} \qquad R-CH_2\underset{O_2}{\overset{O\diagdown S O_2}{\underbrace{}}}$$
$$\text{I} \qquad\qquad\qquad\qquad\qquad\qquad \text{II}$$

Aus den bisherigen Untersuchungen zur Sulfonierung von α-Olefinen mit SO_3 läßt sich folgern, daß Reaktionsverlauf und -produkte entscheidend von den Bedingungen abhängen. Sofern das Sulfonierungsmittel (SO_3/Dioxan) vorgelegt wird, kann sich mit 2 mol SO_3 ein Dioxadithianderivat bilden, aus dem durch Hydrolyse die wenig löslichen und daher weniger wertvollen 2-Hydroxyalkan-1-sulfonate entstehen. Solvatisierende Komplexbildner wie Dioxan fördern diese Reaktion. Zur Umwandlung dieser Zwischenprodukte in Alkensulfonsäuren wird höhere Temperatur benötigt, und die Hydrolyse liefert größere Mengen Schwefelsäure, was höhere Sulfat-Gehalte in der waschaktiven Substanz bedingt.

Wenn man jedoch das Sulfonierungsmittel dem Olefin zufügt, wird die Bildung des Dioxadithianderivats weitgehend vermieden. Dafür werden neben Alkensulfonsäuren 1,3- und 1,4-Sulton gebildet, welche bei der Hydrolyse lösliche 3- bzw. 4-Hydroxyalkansulfonate und Alkensulfonate liefern.

Die Sulfonierung mit SO_3 ohne Komplexbildner und ohne Lösungsmittel hat den Nachteil, daß ziemlich dunkle Reaktionsprodukte entstehen, die einer zusätzlichen Bleichung (z. B. mit Hypochlorit) bedürfen. Relativ helle Produkte werden nach Marquis [16] durch kontinuierliche Sulfonierung in einem Fallfilmreaktor oder durch Versprühen des Olefins in einem SO_3-haltigen Inertgasstrom [17] gewonnen. Demgegenüber erhält man mit SO_3-Komplexen stets helle Sulfonate.

Die Hydrolyse der Sultone zur Umwandlung in wasserlösliche Tenside gelingt durch mehrstündiges Erhitzen in Gegenwart von Wasser, das in der Regel überschüssiges Alkali enthält.

Gemische stellungsisomerer Alkensulfonate sind gut wasserlöslich. Offenbar unterliegen aber besonders 2-Alken-1-sulfonate relativ leicht autoxidativen Veränderungen und nehmen selbst beim Aufbewahren in verschlossenen Gefäßen nach einigen Wochen ranzigen Geruch an. Im übrigen sind die Olefinsulfonate kaum hygroskopisch.

Trotz des allerdings nicht unbestrittenen Nachteils der Autoxidierbarkeit ist die Sulfonierung von α-Olefinen mit SO_3 inzwischen weitgehend zur technischen Reife gelangt. So werden von der Stepan Chemical Company sowie der Chevron Chemical Company Alkensulfonate mit C_{15}- bis C_{18}-α-Olefinen als Waschmittel auf den Markt gebracht. Angeblich sollen sie biologisch besser abbaubar als die linearen Alkylbenzolsulfonate sein.

Die waschtechnischen Eigenschaften der Alken-1-sulfonate – u. a. Waschkraft, Schaumvermögen und biologischer Abbau – sind günstiger als bei „Alkylbenzolsulfonaten". Jedoch sind die Alken-1-sulfonate bedeutend empfindlicher gegen die Härtebildner des Wassers. Abbildung 31 zeigt einen Vergleich der Oberflächenspannung von C_{15}- bis C_{18}-Alken-1-sulfonat mit der von C_{10}- bis C_{14}-n-Alkylbenzolsulfonat.

Die Abbildungen 31b und 31c geben ein Bild von der Waschkraft der Alken-1-sulfonate verschiedener Kettenlänge in verschieden hartem Wasser.

Den biologischen Abbau von Dodecylbenzolsulfonat gibt Abbildung 32 wieder.

Ob die Alkensulfonate mit ihren relativ günstigen Eigenschaften als Waschrohstoff Bedeutung erlangen werden, hängt von der Verfügbarkeit und vom Preis der α-Olefine sowie des rohen Sulfonierungsproduktes ab. Obwohl sich die Kosten von Alkensulfonat und Alkylbenzolsulfonat nur geringfügig unterscheiden, dürf-

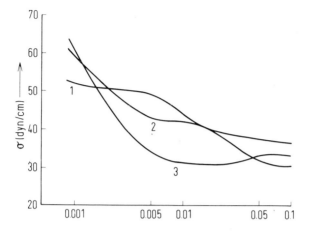

Abb. 31a. Oberflächenspannung der Tenside (100 % aktiv) in destilliertem Wasser. 1 : α-Olefinsulfonate ($C_{15}-C_{18}$); 2: C_{10}- bis C_{13}-Alkylbenzolsulfonat; 3: C_{11}- bis C_{14}-Alkylbenzolsulfonat. Abszisse: mol/Liter gelöster Substanz.

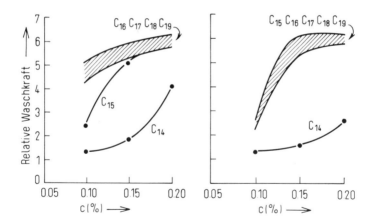

Abb. 31b und c. Relative Waschkraft von Alken-1-sulfonaten mit verschiedener Kettenlänge. Die Waschkraft ist bezogen auf mol/Liter gelöster Substanz. Abb. 31 b: 50 ppm Ca^{2+}; Abb. 31c: 180 ppm Ca^{2+}.

ten die Alkylbenzolsulfonate solange noch wesentlich günstiger sein, bis es gelingt, die Bildung von wenig waschaktiven Hydroxysulfonaten und unverseifbaren Anteilen stark zurückzudrängen und die Farbe der Alkensulfonate zu verbessern.

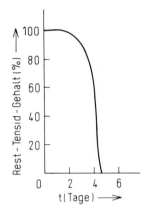

Abb. 32. Biologischer Abbau von Natrium-p-dodecyl-benzolsulfonat nach Marquis [16].

5.3.2. Acyloxyalkansulfonate

Erzeugnisse, welche durch Umsetzung von Fettsäurechloriden mit Komponenten gewonnen werden, die eine Hydroxy- oder Aminogruppe enthalten, also Kondensationsprodukte mit esterartiger bzw. amidartiger Bindung, haben allgemein gute Wascheigenschaften und sind infolge der blockierten Carboxylgruppe auch beständig gegen hartes Wasser. Der esterartige Typ wird durch Säuren und durch stärkere Basen verhältnismässig schnell unter Rückbildung der Fettsäure und der organischen Hydroxysäure gespalten. Er verhält sich ähnlich wie andere Ester (z. B. Glyceride) oder deren Sulfate. Der amidartige Igepon-T-Typ ist gegen verseifende Agentien und auch gegen Säuren in den üblichen Konzentrationen stabiler.

Unter den esterartig konstituierten Produkten spielen die Acyloxyalkansulfonate (Acylestersulfonate) von Igepon-A-Typ eine wichtige Rolle. Sie werden hauptsächlich durch Umsetzung von Fettsäurechlorid, insbesondere Ölsäurechlorid, mit dem Natriumsalz der 2-Hydroxy-1-äthansulfonsäure (Isäthionsäure) gewonnen.

$$R-COCl + HO-CH_2-CH_2-SO_3Na \longrightarrow R-COO-CH_2-CH_2-SO_3Na + HCl$$

Derartige Sulfonate vom Igepon-A-Typ dienen für kosmetische Zwecke sowie für den Aufbau synthetischer Reinigungsmittel in Stückform. Die Ölsäure-Kondensationsprodukte haben ein ausgeprägtes Kalkseifendispergiervermögen. Diese Produkte werden auch von der General Aniline und Film Corp. auf den Markt gebracht.

Produkte ähnlicher Konstitution der Fa. Procter and Gamble, hergestellt durch Umsetzung von Natriumsalzen der Fettsäuren mit niedermolekularen halogenierten Sulfonaten vom Typ $ClCH_2\text{-}CHOH\text{-}CH_2\text{-}SO_3H$ oder $Cl(CH_2)_2\text{-}O\text{-}(CH_2)_2\text{-}SO_3Na$, haben ein ausgesprochen starkes Netzvermögen.

Aus Glycerin hergestellte 3-Acyloxy-2-hydroxy-1-propansulfonate wurden von der Palmolive entwickelt. Diese Verbindungen werden auch als „Monoglyceridsulfonate" bezeichnet.

$$R\text{-}COO\text{-}CH_2\ CHOH\text{-}CH_2\text{-}SO_3Na$$

Ein weiteres, dem Igepon A in der Wirkung sehr ähnliches Produkt wird durch Umsetzung von Ölsäure mit überschüssigem Propylenoxid bei 160–180° C gewonnen. Der Ölsäurepropylenglykolester wird anschließend bei 0° C mit Chlorschwefelsäure sulfatiert.

Auch die Monsanto Chemical Co. [18] stellt Acyloxyalkansulfonate (Estersulfonate) mit ähnlichen Eigenschaften durch Addition von Natriumhydrogensulfit an Tridecylacrylat her. Von der gleichen Firma stammen auch Sulfoacyl-Tenside, welche einen aromatischen Rest enthalten, z. B. der 2-Äthylhexylester der o-Sulfobenzoesäure [19].

5.3.3. Sulfobernsteinsäureester

Eine wichtige Gruppe anionaktiver Tenside vom Sulfonat-Typ sind die Sulfobernsteinsäureester, auf deren herausragende Oberflächenaktivität schon an anderer Stelle hingewiesen wurde.

$$\begin{array}{l} CH_2 \longrightarrow COOR \\ | \\ CH \longrightarrow COOR \\ | \\ SO_3Na \end{array}$$

Das hohe Netzvermögen dieser Ester wurde 1933 von Jaeger [20] und von Harris [21] erkannt. Als sehr wirksame Netzmittel erwiesen sich die folgenden von der American Cyanamid herausgebrachten Verbindungen:
Natrium-diamyl-sulfosuccinat (Aerosol A)
Natrium--ditridecyl-sulfosuccinat (Aerosol TR)
Natrium-dihexyl-sulfosuccinat (Aerosol MA)
Natrium-dioctyl-sulfosuccinat (Aerosol OT)

Das letztgenannte Sulfosuccinat gilt als eines der besten Netzmittel, für die Texteilveredelung, sofern es nicht im alkalischen Medium angewendet wird.

Mit zunehmender Anzahl C-Atome der Esteralkylgruppe sinkt auch hier die Wasserlöslichkeit. Die Verzweigung des Isobutylrestes wirkt sich löslichkeitserhöhend aus. Die Netzkraft nimmt mit sinkender Anzahl C-Atome der Esteralkylgruppen ab. Die Beständigkeit gegenüber hartem Wasser nimmt mit abnehmender Anzahl C-Atome der Esteralkylgruppen zu und wird um so besser, je kürzer oder verzweigter der Esteralkylrest ist. Dagegen verhalten sich die Sulfobernsteinsäureester bezüglich ihres Schaumvermögens umgekehrt. Hier zeigt der Dioctyl-Typ das beste Schaumvermögen. Sinkendes Molekulargewicht und Kettenverzweigung wirken sich schaummindernd aus. Die Abbildungen 33a bis 33c zeigen die Eigenschaften der Sulfobernsteinsäureester.

1 = Dioctyl-sulfosuccinat,   Mol.-Gew. = 444;
2 = Dihexyl-sulfosuccinat,   Mol.-Gew. = 338;
3 = Diamyl-sulfosuccinat,   Mol.-Gew. = 360;
4 = Diisobutyl-sulfosuccinat, Mol.-Gew. = 332.

Als Regel gilt, daß die Summe der C-Atome in den Alkylresten 16 nicht übersteigen soll.

Herstellungsverfahren: Ausgangsprodukt für die Gewinnung von Sulfobernsteinsäureestern ist Maleinsäureanhydrid, welches sich technisch leicht zunächst zum Monoalkylester und nach Zufügen eines Katalysators in den Dialkylester umwandeln läßt. Meist arbeitet man in Anwesenheit indifferenter Lösungsmittel.

Die Anlagerung der Sulfonatgruppe an die aktivierte Doppelbindung gelingt sehr glatt mit Hydrogensulfit. Dabei wird zur Beschleunigung der Reaktion in Wasser-Methanol oder Wasser-Äthanol gearbeitet. Die Umsetzung dauert einige Stunden, in Druckgefäßen kürzere Zeit. Das Natriumsalz der Sulfobernsteinsäureester wird schließlich durch Eindampfen im Vakuum in praktisch wasserfreier Form gewonnen.

5.3.4. Acylaminoalkansulfonate (Tauride)

Hauptvertreter dieser Gruppe anionaktiver Tenside vom Sulfonat-Typ sind die Fettsäureamide des N-Methyltaurins, welche durch Umsetzung eines Fettsäurechlorids mit dem Natriumsalz des Methyltaurins nach Formelblock 29 entstehen.

$$R-COCl + \begin{array}{l} CH_2-NHCH_3 \\ | \\ CH_2-SO_3Na \end{array} \longrightarrow \begin{array}{l} CH_2-N(CH_3)COR \\ | \\ CH_2-SO_3Na \end{array}$$

5.3. Alkansulfonate

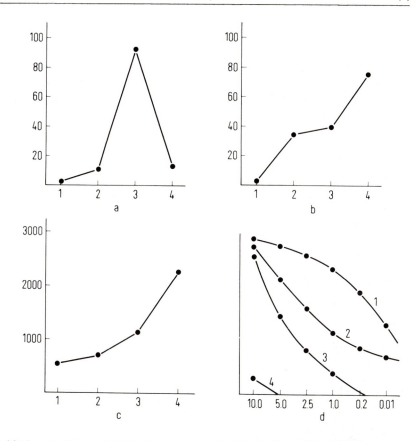

Abb. 33. Eigenschaften der Sulfobernsteinsäureester 1−4 (s. Text) nach Stüpel [19a]. a) Untersinkzeit in sec, 3g/Liter aktive Substanz, dest. Wasser, 30° C. b) Löslichkeit in %, dest. Wasser, 25° C. c) Hartwasserbeständigkeit in ppm Ca, 5g/Liter aktive Substanz, 30° C. d) Schaumzahlen, dest. Wasser, 30° C, in Abhängigkeit von der Konzentration (g/Liter) an 1−4.

Tauride sind der wesentliche Bestandteil der früher als Igepon-Marken, heute als Hostapon- und Arkopon-Typen bezeichneten Textilhilfsmittel bzw. Waschrohstoffe der Farbwerke Hoechst.

Was die Tauride wertvoll macht, sind ihre große Stabilität gegenüber Basen, Säuren, Bleichmitteln (Wasserstoffperoxid, Chlorbleichlauge), ihre Elektrolytbeständigkeit gegenüber anorganischen Salzen sowie ihr hohes Kalkseifendispergiervermögen.

Die großtechnischen Verfahren zur Herstellung von Acylaminoalkansulfonaten gehen meist von Fettsäurechlorid aus, welches mit Methyltaurin zunächst bei Raumtemperatur, schließlich bei 40–50° C so umgesetzt wird, daß das Reaktionsprodukt stets alkalisch reagiert. Zum Schluß wird mit Mineralsäure neutralisiert. Man erhält so eine 20-proz. Paste in Wasser [22], welche auf einem Vakuumwalzentrockner getrocknet und — eventuell nach Zusatz von Natriumsulfat als Füllmittel — vermahlen wird.

Es gibt viele Varianten der Acylaminoalkansulfonate, in denen ähnlich wie beim Igepon A und Igepon T die Ölsäure oder ölsäurereiche Fettsäure durch andere Fettsäuren, besonders Kokosfettsäuren, ausgetauscht und die sehr schaumaktive, härtebeständige Produkte mit guten Waschmitteleigenschaften sind.

Die Igepone A und T setzen bei 18° C die Oberflächenspannung des Wassers stärker und schon bei geringeren Konzentrationen als Dodecyl-, Tetradecyl- und Octadecylsulfat herab.

Die Grenzflächenspannung gegen Petroleum zeigt die hohe Kapillaraktivität der Igepone, welche auch darin Seifen sowie Fettalkoholsulfate (Alkylsulfate) weit übertreffen.

5.4. Alkylsulfate (Fettalkoholsulfate)

Die ersten Beobachtungen hinsichtlich der Sulfatierbarkeit höhermolekularer gesättigter und ungesättigter aliphatischer Alkohole und Vorschläge zur Sulfatierung im technischen Maßstab gehen auf Arbeiten von Schrauth bei den Deutschen Hydrierwerken AG und von Bertsch bei der Böhme Fettchemie GmbH im Jahre 1928 zurück. Aus dieser Zeit stammt ebenso die Feststellung, daß Fettalkoholsulfate hochwertige Reinigungs-, Netz- und Emulgiermittel sind. Eine eingehende Darstellung der Sulfatierungsvorgänge von höheren Alkoholen und Olefinen stammt von Suter [24] sowie Gilbert [25].

Bei der Einwirkung von 85- bis 95-proz. Schwefelsäure auf Olefine bei − 10 bis + 20° C werden ausschließlich sek. Alkylsulfate gewonnen.

Für die Fettalkoholsulfatierung können auch andere Sulfatierungsmittel wie Chlorschwefelsäure, ein Gemisch von SO_3 und SO_2 (nach einem von Monsanto auch für die Alkylbenzol-Sulfonierung entwickelten Verfahren) sowie SO_3 aus dem Kontaktschwefelsäure-Prozeß angewendet werden. Zu erwähnen ist ferner die Umsetzung höherer Alkohole mit Sulfurylchlorid, die zunächst zu den Chlorschwefel-

5.4. Alkylsulfate (Fettalkoholsulfate)

säureestern führt, welche beim Verseifen die Alkalisalze der Alkylschwefelsäureester liefern. Umsetzungen von Fettalkoholen mit Amidoschwefelsäure erlauben die Herstellung der Ammoniumsalze von Alkylschwefelsäureestern, die bei Zusatz von Harnstoff oder Pyridin als Katalysator schon bei 115° C auch die Sulfatierung ungesättigter Fettalkohole wie Oleylalkohol ermöglichen, so daß der größte Teil der Doppelbindung intakt bleibt, also praktisch nur endständig sulfatiertes Produkt entsteht.

Ein anderes Verfahren zur Sulfatierung von Oleylaklohol stammt von Dimroth, Gräfinger und Haussmann [26]. Sie setzten Oleylalkohol in Chlorform als Lösungsmittel mit dem Addukt von Chlorschwefelsäure an Harnstoff um und isolierten nach der Neutralisation das Oleylsulfat durch Butanol-Extraktion.

Großtechnisch dürfte heute jedoch die Sulfatierung mit SO_3 – entweder als Gemisch mit SO_2 nach Monsanto (wobei SO_2 in den Kreislauf zurückgeführt wird) oder nach dem Konvertgas-Verfahren mit 6–9 % SO_3 nach Davidsohn [27] – am häufigsten angewendet werden.

Für die Eigenschaften der Alkylsulfate ist die Sulfatierungsmethode von geringerer Bedeutung als die Zusammensetzung des zur Sulfatierung benutzten Fettalkoholgemisches. Die Schwefelsäureester der niederen aliphatischen Alkohole sind wie die anderen anionaktiven Tenside kapillar inaktiv; sie sind molekulardispers gelöst und ergeben keine Tensideffekte. Natriumhexyl- und -octylsulfat, die den Salzen der Capron- und Caprylsäure entsprechen, bilden den Übergang zu den typisch seifenartigen, nur in geringem Umfang echte Lösungen ergebenden höheren Gliedern. Fettalkoholsulfathaltige Waschflotten weisen in der Kälte die höchste Wirkung auf, wenn sie Natriumlaurylsulfat enthalten, entsprechend dem Wirkungsmaximum des Natriumlaurats in der Reihe der homologen Fettsäuresalze. In warmer Waschflotte liegt jedoch das Wirkungsmaximum wie bei Seifen nicht mehr bei den mittleren, sondern bei den höheren Gliedern wie Natriumcetyl- oder -stearylsulfat.

Bei der Siedetemperatur verlagert sich das Optimum des Wascheffektes zum Stearylsulfat hin, bei niedrigeren Temperaturen verschiebt es sich zum Lauryl- und Myristylsulfat. Eine Erhöhung der Wasserhärte wirkt ähnlich wie eine Temperatursenkung. Mischungen von Alkylsulfaten verschiedener Kettenlänge ergeben Wirkungen, die unter Umständen höher als die Summe der Einzelwirkungen der Komponenten sind.

Das Waschvermögen der Alkylsulfate hängt somit ganz eindeutig von ihrer Kettenlänge ab.

5. Chemische Zusammensetzung der grenzflächenaktiven Substanzen

Wie für alle anionaktiven Tenside ist auch für Fettalkoholsulfate die Oberflächenspannung ein wesentliches Merkmal (Tabelle 14).

Tabelle 14. Oberflächenspannung (dyn/cm) zweier Alkylsulfate in Abhängigkeit von der Konzentration bei 25 °C nach Lindner [27a].

Konz. in H_2O (%)	0,001	0,01	0,1	1,0
Natriumlaurylsulfat	59,5	45,3	29,1	28,7
Natriumtridecylsulfat	64,6	53,6	35,0	30,2

Tabelle 15. Netzvermögen zweier Alkylsulfate (gemessen an Canevas-Plättchen) bei 20 °C nach Lindner [27a].

Konz. in H_2O (%)	0,5	0,25	0,1	0,05	0,025
Natriumlaurylsulfat	5,2	8,6	34,8	152	551
Natriumtridecylsulfat	1,5	2,1	9,6	116	800

Größere Unterschiede zeigt das Netzvermögen an Baumwolle (Tabelle 15).

Das Natriumtridecylsulfat hat demnach bei den gebräuchlichen Konzentrationen ein beträchtlich besseres Netzvermögen als das Natriumlaurylsulfat.

Einen Überblick über die kritische Micellbildungskonzentration von Natriumalkylsulfaten in Abhängigkeit von der Länge des Alkylrestes, wie sie sowohl aus der Grenzflächenspannung als auch aus der Oberflächenspannung und der Leitfähigkeit berechnet werden kann, zeigt Tabelle 16.

Der Bereich der kritischen Micellbildungskonzentration und die damit zusammenhängende Änderung vieler Lösungseigenschaften bei Dodecylsulfat – durch die Messung der Oberflächenspannung in Abhängigkeit von der Konzentration der Lösung ermittelt – wird durch Abbildung 34 wiedergegeben.

Die unmittelbare Sulfatierung von Olefinen ist erst nach Überwindung beträchtlicher Schwierigkeiten apparativer Art möglich geworden. Man verwendet dazu vor allem Olefine, welche durch Kracken von Hartparaffin oder Hartwachs aus

5.4. Alkylsulfate (Fettalkoholsulfate)

Tabelle 16 Kritische Micellbildungskonzentration c_k von Natriumalkylsulfaten bei 50 °C.
a. berechnet aus der Grenzflächenspannung, b: berechnet aus der Oberflächenspannung; c: berechnet aus der Leitfähigkeit. Zahl der C-Atome in der Alkylgruppe = n.

n	c_k (10^{-3} mol/Liter)		
	a	b	c
8	98	–	–
10	32	34	–
12	8,1	8,1	8,1
14	2,2	2,0	2,1
16	0,05	0,66	0,54
18	0,19	0,23	0,17

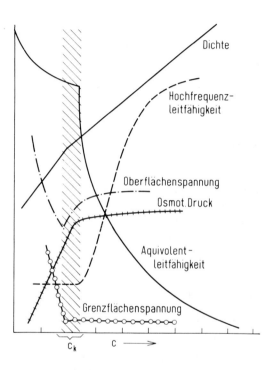

Abb. 34. Physikalische Eigenschaften und kritische Konzentration der Micellbildung von Natriumdodecylsulfat nach Hess und Preston [27b].

der Fischer-Tropsch-Synthese gewonnen werden. Das technische Verfahren zur Sulfatierung von Krackolefinen wurde von der Shell Oil Co. entwickelt, die diese Sulfate als Teepol bezeichnet. Es sind sekundäre Alkylsulfate mit ca. 40 % Aktivsubstanz.

Man verwendet für reine Olefine 98-proz. Schwefelsäure in nur 15 % Überschuß, um die Bildung von Dialkylsulfaten möglichst zu vermeiden. Zur Abtrennung von unsulfatiertem Olefin, freiem Alkohol und Polymersiationsprodukten vom Neutralisat ist eine Lösungsmittel-Extraktion erforderlich. Abbildung 35 zeigt die Herstellung von Alkylsulfaten aus Olefinen, verbunden mit einer Benzin-Extraktion zur Abtrennung der unverseifbaren Anteile.

5. Chemische Zusammensetzung der grenzflächenaktiven Substanzen

Zur Zersetzung der stets vorhandenen Dialkylsulfate (meist ca. 20 % vom Olefin) wird das Neutralisat bei alkalischer Reaktion 30—60 min zum Sieden erhitzt. Dabei entstehen gemäß

$$RO-SO_2-OR + NaOH \longrightarrow RO-SO_3Na + ROH$$

ca. 10 % freie Fettalkohole neben 10 % Natriumalkylsulfat. Die Behandlung mit 20-proz. Alkohol in einem Separator (s. Abb. 35) dient der Trennung der alkoholischen und paraffinischen Anteile von den Alkylsulfaten.

5.4.2. Sulfate substituierter Polyglykoläther

Durch Anlagerung von Äthylenoxid an höhermolekulare Fettalkohole, Alkylphenole, Fettsäuren und Amide entstehen folgende Addukte:

$RO(C_2H_4O)_n H$ Fettalkohol-Addukt

$R-C_6H_4-O(C_2H_4O)_n H$ Alkylphenol-Addukt

$R-CO-O(C_2H_4O)_n H$ Fettsäure-Addukt

$R-CO-NH(C_2H_4O)_n H$ Fettsäureamid-Addukt

Diese Addukte sind bei ausreichender Häufung der Äthylenoxid-Gruppen (n meist 5 und höher) die wichtigsten Typen der nichtionogenen Tenside. Um Äthersulfate herzustellen, setzt man mit ca. 3 mol Äthylenoxid um und sulfatiert das Addukt.

$$RO(C_2H_4O)_nH + H_2SO_4 \longrightarrow RO(C_2H_4O)_nSO_3H + H_2O$$

Diese Schwefelsäureester der Äthylenoxid-Addukte sind in neutralisierter Form typisch anionaktiv. Produkte dieses Typs sind zuerst unter der Bezeichnung Igepal B, dem analogen Produkt auf Basis Alkylphenol, von IG Farben Hoechst in den Handel gebracht worden.

Die ersten Patente wurde von Schöller und Witwer [28] für die Herstellung von sulfatiertem Kokosfettalkoholglykoläther angemeldet. Der wohl verbreiteste Typ ist heute der der Alkylpolyglykoläthersulfate; er leitet sich von dem C_{12}- bis C_{14}-Schnitt der Kokosfettalkohole ab, der mit 1—3 mol Äthylenoxid umgesetzt und anschließend sulfatiert und neutralisiert wird.

Eine systematische Untersuchung der physikochemischen Eigenschaften der Äthersulfate in Abhängigkeit von der Länge der Alkylketten und dem Gehalt an Äthy-

5.4. Alkylsulfate (Fettalkoholsulfate)

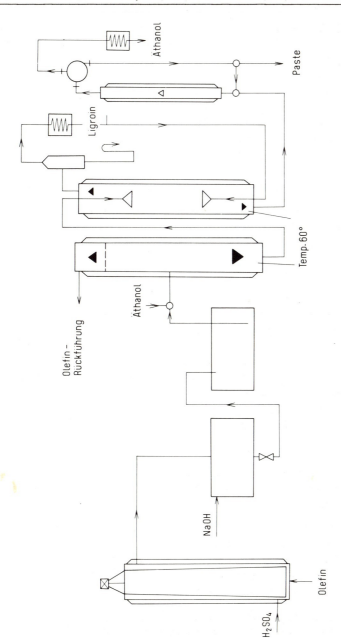

Abb. 35. Herstellung von Alkylsulfaten aus Olefinen [27c].

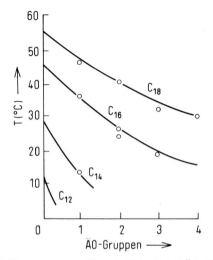

Abb. 36. Trübungspunkte sulfatierter Fettalkohol-Äthylenoxid-Addukte in Abhängigkeit von der Zahl der Äthylenoxid-Gruppen.

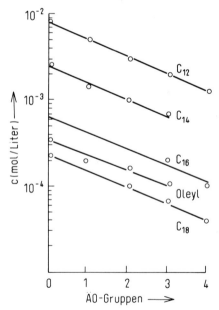

Abb. 37. Kritische Micellbildungskonzentration sulfatierter Fettalkohol-Äthylenoxid-Addukte in Abhängigkeit von der Zahl der Äthylenoxid-Gruppen.

5.4. Alkylsulfate (Fettalkoholsulfate)

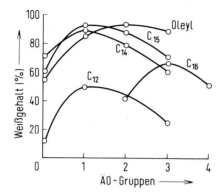

Abb. 38. Waschkraft sulfatierter Fettalkohol-Äthylenoxid-Addukte in Abhängigkeit von der Zahl der Äthylenoxid-Gruppen.

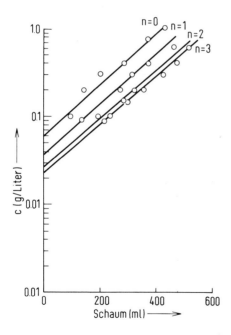

Abb. 39. Schaumvermögen sulfatierter Dodecylalkohol-Äthylenoxid-Addukte in Abhängigkeit von der Zahl der Äthylenoxid-Gruppen und der Konzentration.

lenoxid-Gruppen*⁾ stammt von Götte [29]. Die primären gesättigten Fettalkohole mit 12—18 C-Atomen sowie der Oleylalkohol wurden durch stufenweisen Umsatz mit Äthylenchlorhydrin in definierte Polyäther mit 1—4 Äthylenoxid-Gruppen umgewandelt und dann sulfatiert.

Die Abbildungen 36—39 zeigen Eigenschaften sulfatierter Fettalkohol-Äthylenoxid-Addukte in Abhängigkeit von der Zahl der Äthylenoxid-Gruppen.

Die Verlängerung der Alkylkette bedingt somit eine Erhöhung der Trübungspunkte entsprechend einer Verminderung der Löslichkeit, die jedoch durch Einführung von Äthylenoxid-Gruppen wieder rückgängig gemacht werden kann. Bei Verlängerung der Polyglykolketten nimmt ferner die kritische Micellbildungskonzentration zu. Das Optimum des Waschvermögens liegt bei den gesättigten Äthersulfaten mit 12—16 C-Atomen bei einer Äthylenoxid-Gruppe, während das Oleyl-Derivat sich mit zwei, Stearylalkohol schließlich erst mit drei Äthylenoxid-Gruppen als optimal erweist. Während das Schaumvermögen durch Einführung von 1—2 Äthylenoxid-Gruppen deutlich erhöht wird, wirkt sich diese Molekülveränderung auf das Netzvermögen nur unerheblich aus.

Die Einführung der Äthylenoxid-Gruppen in Alkylsulfate beeinflußt demnach die Wasch-, Netz- und Schaumeigenschaften entschieden positiv und verbessert auch die Löslichkeitseigenschaften.

5.4.2.1. Sulfatierte Fettalkohol-Äthylenoxid-Addukte

Fettalkohol-Äthylenoxid-Addukte lassen sich im Gegensatz zu den entsprechenden aromatischen, nichtionogenen Produkten (Nonylphenol-Äthylenoxid-Addukten), welche bevorzugt mit Amidoschwefelsäure umgesetzt und nachträglich mit Natronlauge behandelt werden, auch nach dem SO_3-Verfahren sulfatieren. Die Sulfatierung kann aber auch, und zwar besonders glatt, mit stöchiometrischen Mengen Chlorschwefelsäure durchgeführt werden, was aber ein nachträgliches Ausblasen der Salzsäure erforderlich macht.

Bei der großtechnisch vorherrschenden SO_3-Sulfatierung nach Sheely und Rose [30] wird bei einem Fettalkohol-Äthylenoxid-Addukt mit 40 % (5 mol) Äthylenoxid unter Verwendung von SO_3/Luft-Gemischen im Verhältnis 10 : 90 bei 27—30° C 1 mol SO_3/mol Addukt bei einer Sulfatierungsdauer von 0,5—1 Std. benötigt. Die neutralen Produkte enthielten nur ca. 1,4 % Natriumsulfat.

---

*⁾ Die Anzahl der Äthylenoxid-Gruppen wird auch als „Oxäthylierungsgrad" bezeichnet.

5.4. Alkylsulfate (Fettalkoholsulfate)

Die kritische Micellbildungskonzentration und das Schaumvermögen nehmen mit zunehmendem Gehalt an Äthylenoxid-Gruppen ab.

Da die sulfatierten Fettalkohol-Äthylenoxid-Addukte über hervorragende Tensid-Eigenschaften verfügen und im Gegensatz zu den entsprechenden Alkylphenol-Derivaten leicht biologisch abgebaut werden, finden sie breite Anwendung. Abbildung 40 demonstriert den glatten biologischen Abbau derartiger Addukte durch Messung des O_2-Verbrauches nach der Warburg-Methode.

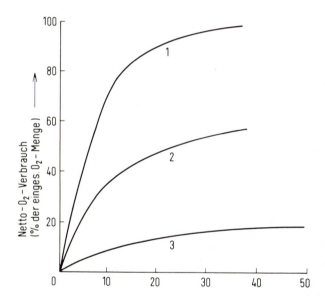

Abb. 40. Vollständiger biologischer Abbau sulfatierter Fettalkohol-Äthylenoxid-Addukte, gemessen im Warburg-Respirometer. Hydrophober Rest: (1): primäre Alkohole; (2): sekundäre Alkohole; (3): Nonylphenol [30a]. Abszisse: Sauerstoffverbrauch

5.4.2.2. Sulfatierte Alkylphenol-Äthylenoxid-Addukte

Die Sulfatierung von Alkylphenol-Äthylenoxid-Addukten wurde zuerst ebenfalls von Schoeller und Witwer [31] in Ludwigshafen entwickelt. Sie wird seither in großem Umfang vorgenommen. Allerdings ergeben nur Amidoschwefelsäure oder Chlorschwefelsäure Produkte zufriedenstellender Qualität. Auch mit Chlorschwefelsäure ist aber eine Ringsulfonierung nicht ganz zu vermeiden. Mit Sulfaminsäure treten diese Komplikationen nicht auf.

5.4.3. Literatur

[1.]   J. physic. Chem. *43*, 1173 (1939).
[1a.] W. Schrauth, Seifensiederzeitung *58*, 61 (1931), Chemiker-Ztg. *55*, 18 (1931).
[2.]   W. v. Miller, Liebigs Ann. Chem. *189*, 338 (1877).
[3.]   B. Markwald, Ber. dtsch. chem. Ges. *31*, 1864 (1898).
[4.]   H. Lapworth, J. chem. Soc. (London), *1925*, 307.
[5.]   L. Asherworth, J. chem. Soc. (London), *1928*, 1791.
[6.]   M. S. Kharash, J. Amer. chem. Soc. *61*, 3092 (1939).
[7.]   C. F. Reed, US-Pat. 2 046 090 (1936).
[8.]   J. H. Hellberger, Angew. Chem. *55*, 172 (1942).
[9.]   F. Asinger: Chemie und Technologie der Kohlenwasserstoffe. Akademie-Verlag, Berlin 1957, S. 55.
[10.] L. Orthner, Angew. Chem. *62*, 302 (1950).
[10a.] K. Lindner: Tenside, Textilhilfsmittel, Waschrohstoffe. Wissenschaftl. Verlagsges. Stuttgart 1964.
[11.] C. Beermann, European chem. News *10*, 254 (1966).
[12.] J. H. Werntz, DRP 831 993 (1943), US-Pat. 2 318 036 (1943), Du Pont; Chem. Abstr. *37*, 60604 (1943).
[13.] DBP 842 509 (1955), I. G. Farbenindustrie; US-Pat. 2 174 507, Du Pont; Chem. Abstr. *33*, 8348 (1939).
[13a.] F. Asinger, DRP 711 821 (1941) und 734 562 (1943), beide I. G. Farbenindustrie
[13b.] L. Orthner in [10a], Bd. I, S. 727.
[14.] F. Püschel, Tenside *4*, 287 (1967).
[15.] F. Püschel, Chem. Ber. *97*, 2926 (1964).
[16.] D. M. Marquis, J. Amer. Oil Chemists' Soc. *43*, 607 (1966).
[16a.] R. C. Odioso, Soap chem. Specialties, *43*, Nr. 2, S. 47 (1967).
[17.] H. Wendt u. H. Schmidt, DAS 1 217 367 (1958), Farbwerke Hoechst; Tenside *3*, 334 (1966).
[18.] M. Cosmin, US-Pat. 2 818 426 (1958), Monsanto Chem. Co.; Chem. Abstr. *52*, 6822 A (1958).
[19.] M. Cosmin, US-Pat. 2 676 979 (1954), Monsanto Chem. Co; Chem. Abstr. *48*, 9727 G (1954).
[19a.] H. Stüpel: Synth. Wasch- und Reinigungsmittel. Wissenschaftl. Verlagsges., Stuttgart 1957.
[20.] A. O. Jaeger, US-Pat. 2 028 091 (1937); Chem. Zbl. *1936*, I, 3020.
[21.] W. W. Harris, US-Pat. 2 166 141 (1939), 2166145 (1939); Chem. Zbl. *1939*, II, 3488.

[22.] Diserens Farbstoffe, 3. Bd. (1939), 342, II, 3488, L. H. Flett, US-Pat. 2 452 043 (1948), Amer. Cyanamid Co.; Chem. Abstr. *43*, 1798 a (1950).
[23.] H. Bertsch, DRP 640 997 (1937); Böhme Fettchemie; Chem. Zbl. *1937*, I, 2872; DRP 643 052 (1937); Chem. Abstr. *31*, 6254 (1937); US-Pat. 2 114 042 (1938); Chem. Zbl. *1938, II,* 184
[24.] C. M. Suter: The Organic Chemistry of Sulfur. Wiley, New York 1964.
[25.] E. Gilbert: Sulfonation and Related Reactions. Interscience, New York 1965.
[26.] H. Dimroth, G. Gräfinger u. H. Hausmann, US-Pat. 2 273 940 (1942); Chem. Abstr. *35*, 3809^9 (1941).
[27.] A. Davidsohn, Seifen-Öle-Fette-Wachse *68*, 855 (1960).
[27a.] K. Lindner: Tenside, Textilhilfsmittel, Waschrohstoffe. Wissenschaftl. Verlagsges., Stuttgart 1964.
[27b.] K. Hess u. C. Preston, J. physic. Colloid Chem. *52*, 84 (1948).
[27c.] Chem. Age *43*, Nr. 16/17, S. 48 (1950).
[28.] C. Schöller u. M. Witwer, US-Pat. 1 970 578 (1937); Brit. Pat. 463 624 (1937).
[29.] E. Götte, III. Int. Kongress für grenzflächenaktive Stoffe, Köln 1960, Verlag der Universitätsdruckerei Mainz 1963, Bd. I, S. 45.
[30.] Q. O. Sheely u. R. G. Rose, Ind. Engng. Chem. Prod. Res. Development *4*, 24 (1965).
[30a.] E. C. Steinle et al., J. Amer. Oil Chemists' Soc. *41*, 804 (1964).
[31.] C. Schöller u. M. Witwer, US-Pat. 1 970 578 (1937).

5.5. Nichtionogene Tenside

5.5.1. Polyglykoläther (Äthylenoxid-Addukte)

Die bisherigen Ausführungen galten Verbindungen, welche durch den Eintritt der Carboxylgruppe, der Schwefelsäure- oder Sulfonsäuregruppe in aliphatische, aromatische oder alkylaromatische Kohlenwasserstoffe gekennzeichnet sind. Solche Produkte wirken in Lösung als anionaktive Tenside, welche die Träger oberflächen- und grenzflächenaktiver Wirkungen sind.

Wir wenden uns jetzt den substituierten Polyglykoläthern zu, welche durch ätherartige Verknüpfung der einzelnen Glykolmoleküle nach folgendem Schema entstanden sind

$$HOCH_2-CH_2-O-CH_2-CH_2-O-CH_2-CH_2-O \ldots \ldots \ldots CH_2-CH_2OH$$

und in denen die nichtionogene Äthylenoxid-Gruppe ($-CH_2CH_2-O-$) Träger der oberflächenaktiven Eigenschaften und der Hydrophilie ist. Interessant sind Polyglykoläther, deren endständiges H-Atom durch einen höhermolekularen, aliphatischen oder cyclischen Rest substituiert ist.

Während in der Paraffinkohlenwasserstoffkette von Atom zu Atom nur geringe van der Waalssche Kräfte wirken, kann man die Polyätherkette in den nichtionogenen Verbindungen als eine Aneinanderreihung von Dipolen auffassen (Abb. 41a), zwischen denen wesentlich größere inter- und intramolekulare Kräfte auftreten müssen. Die Polyglykoläther ähneln in dieser Hinsicht den Polypeptiden, deren Molekülketten infolge ihres heterogenen Aufbaus ebenfalls stärkere zwischenmolekulare Kräfte zuzuschreiben sind (Abb. 41b).

Die Polyäthylenoxidketten stellt man sich in Analogie zu den Paraffinketten als Zickzackstrukturen vor. Während röntgenographische Arbeiten z. T. bei den Polyäthylenoxiden ähnlich wie bei den Seifen auf eine Lamellarstruktur schließen lassen, werden diese Anschauungen von anderer Seite bestritten. Nach Staudinger [1] läßt sich aus Viscositätsmessungen folgern, daß die Polyäthylenoxidkette in den Diacetaten bis zum Polymerisationsgrad 9 in Zickzackstruktur vorliegt, bei den höheren Homologen jedoch in eine Mäanderform übergeht (Abb. 41c). Das Verhalten dieser Verbindungen wird von Staudinger auf die Sauerstoffatome zurückgeführt, die sich erst bei höheren Polymerisationsgraden anziehen. Polyäthylenoxid-dihydrate verhalten sich infolge der koordinativen Kräfte der OH-Gruppen noch komplizierter.

Die Abbildungen 41b und 41c lassen erkennen, daß die Möglichkeit einer geordneten Kettenkontraktion der Polyäthylenoxid-Derivate durchaus gegeben ist.

Über die Frage, wie die Wasserlöslichkeit der ätherartigen Verbindungen zu deuten ist, besteht keine einheitliche Auffassung. Zweifellos ist die Äthylenoxid-Gruppe der Träger der Hydrophilie oder der völligen Wasserlöslichkeit der meisten substituierten Polyglykoläther.

Orthner [3] nimmt an, daß die Äthylenoxid-Gruppen mit den benachbarten Wassermolekülen durch Elektronenaustauschkräfte Wasserstoffbrücken bilden.

$$-H_2C-O-CH_2-$$
$$\vdots$$
$$HOH$$

Diese Komplexbildung ist aber temperaturabhängig und wird beim Erwärmen wieder aufgehoben. Das angelagerte Wassermolekül tritt wieder aus, so daß der Poly-

5.5. Nichtionogene Tenside

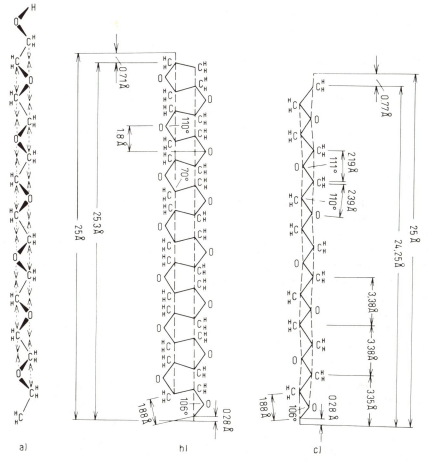

Abb. 41. a) Anordnung der Dipole und ihre Anziehung in der Zickzack-Kette des Polyäthylenoxids. b) Zickzack- und c) Mäander-Kette des Polyäthylenoxids [2].

glykoläther wieder in seiner ursprünglichen Form vorliegt. Dies zeigt sich an der plötzlichen Trübung klarer Lösungen von Polyglykoläthern bei einer bestimmten höheren Temperatur, der Abscheidung öliger Substanzen und der Rückbildung klarer Systeme beim Erkalten der Lösungen.

Aus analytischen Befunden hat Wurtzschmidt[4] gefolgert, daß die Wassermoleküle sich an die Äthersauerstoffatome anlagern. Diese Additionsverbindungen sollen sich dann zu Koordinationsverbindungen stabilisieren:

$$-H_2C-O-CH_2- \quad \underset{HOH}{\cdots} \quad \longrightarrow \quad \left[H_2C-\underset{H}{O}-CH_2 \right]^{\oplus} \quad OH^{\ominus}$$

Die in wässriger Lösung entstehende Micelle des Polyglykoläthers hat demnach kationischen Charakter. Sie verhält sich analytisch als Polyoxoniumsalz, was dadurch unterstrichen wird, daß sie z. B. mit Jod-Kaliumjodid-Lösung oder Gerbsäure ausgefällt werden kann. Auch die charakteristische Trübungserscheinung beim Erwärmen wässriger Lösungen von Polyglykoläther-Derivaten soll als Dehydratisierung des kationaktiven Polyoxoniumsalzes und dessen Übergang in den nichtionogenen Polyglykoläther zu deuten sein.

Der Trübungseffekt tritt bei den wässrigen Lösungen der Polyglykoläther je nach Anzahl der Äthylenoxid-Gruppen zwischen 20 und 98° C auf. Es gibt für jeden Typ eine Temperatur der Trübung. Diese Erscheinung wird jedoch nur bei solchen Polyglykoläthern beobachtet, bei denen eine Hydroxygruppe frei vorliegt, während die andere einen höhermolekularen, hydrophoben Rest trägt. Bei gewissen wenig schäumenden Typen können beide OH-Gruppen mit hydrophoben Resten substituiert sein. Bei unsubstituierten Polyglykolen versagt die Probe, ebenso bei sulfatierten oder phosphatierten Polyglykoläther-Derivaten; diese sind bekanntlich anionaktiv.

Die Temperatur, bei welcher die Dehydratation auftritt, ist abhängig von der Anzahl der Äthylenoxid-Gruppen. Sie variiert außerdem nicht nur mit der Konzentration des Polyäthylenoxid-Derivates, sondern auch mit der anderer zugesetzter Stoffe. Von Marcou [5] wurden die Trübungspunkte einiger Laurylalkohol-Äthylenoxid-Addukte in 1-proz. wässriger Lösung bestimmt und von Lindner [5a] bestätigt (Tabelle 17).

Tabelle 17. Trübungspunkte (°C) von Laurylalkohol-Äthylenoxid-Addukten mit verschiedener Anzahl Äthylenoxid-Gruppen (ÄO) [5a].

Anzahl ÄO-Gruppen	7	9	11
Werte nach Marcou [5]	59	75	100
Werte nach Lindner [5a]	51	78	93

Nach Marcou werden die Trübungspunkte eines Polyglykoläthers mit steigenden Zusätzen an NaCl, Na_2SO_4 oder NaOH herabgesetzt, durch Schwefelsäure oder Essigsäure erhöht.

Kehren und Rösch [6] dagegen ziehen es vor, die Temperatur der Hydratation durch Abkühlung der wässrigen Lösung eines Polyäthylenoxid-Derivates zu bestimmen, und nennen die Temperatur, bei der die Lösung klar wird, den Hydratationspunkt.

Zum Verhalten wässriger Lösungen von Polyäthylenoxid-Derivaten beim Waschvorgang hat Stadler [7] festgestellt, daß bei steigender Temperatur das sich dehydratisierende Produkt auf die Faser aufzieht und dort die vorhandenen Fettverunreinigungen löst. Bei dem sich unterhalb des Trübungspunktes abspielenden Spülprozeß wird das Produkt erneut hydratisiert und geht zusammen mit den öligen Verunreinigungen in die Waschflotte über.

Eine sehr wertvolle Eigenschaft von Polyglykoläthern nicht zu hohen Äthylenoxid-Gehaltes ist ihre Fähigkeit, sich im organischen Medium zu lösen. Der für bestimmte Zwecke optimale Äthylenoxid-Gehalt hängt eng mit der Struktur des hydrophoben Substituenten zusammen. Schöller [8] hat die Regel aufgestellt, daß bei n C-Atomen des aliphatischen hydrophoben Grundstoffes der mittlere Äthylenoxid-Gehalt bei schwacher „Oxäthylierung" ca. n/3, bei mittlerer „Oxäthylierung" ca. n/2 und bei starker „Oxäthylierung" ca. 1–1,5 n mol Äthylenoxid je mol aliphatischen Grundstoffes sein sollte. So entstehen Produkte, welche bei niedrigem Gehalt an Äthylenoxid vorwiegend als Emulgatoren, bei mittlerem Äthylenoxid-Gehalt als Wasch- und Netzmittel, bei hohem Gehalt als Dispergatoren verwendbar sind.

In Abbildung 42 ist der Einfluß der Anzahl Äthylenoxid-Gruppen auf die Eigenschaften der Polyglykoläther dargestellt.

Bemerkenswert ist die Tatsache, daß mit zunehmender Zahl der Äthylenoxid-Gruppen die Oberflächenaktivität sinkt, während die Grenzflächenaktivität erst nach Erreichung eines für fette Öle und Mineralöle verschieden ausgeprägten Optimums abnimmt.

Bei der Anlagerung von Äthylenoxid muß die eingesetzte hydrophobe Komponente wasserfrei sein, weil sonst unerwünschte Polyglykole entstehen.

5.5.2. Alkyl-polyglykoläther

Die Darstellung definierter Alkyl-polyglykoläther, z. B. des Dodecyl-hexaäthylenglykoläthers $C_{12}H_{25}O(C_2H_4O)_6H$, gelingt durch Umsetzen der Alkoholate mit Äthylenchlorhydrin.

Benötigt man für physikalische oder waschtechnische Messungen definierte Alkyl-polyglykoläther, z. B. Dodecyl-hexaäthylenglykoläther, so kann man diese Sub-

5. Chemische Zusammensetzung der grenzflächenaktiven Substanzen

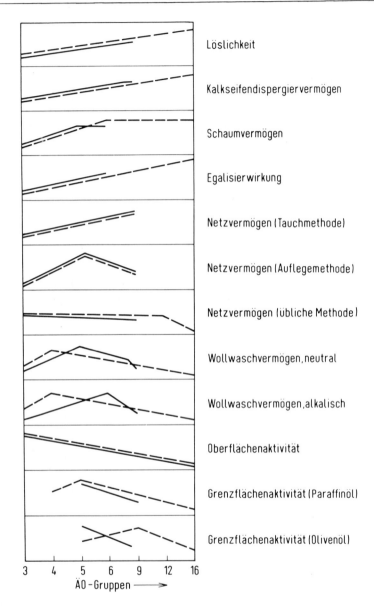

Abb. 42. Einfluß der Anzahl Äthylenoxid-Gruppen (3–16) auf die Eigenschaften reiner Polyglykoläther (———) und technischer Fettalkohol-Äthylenoxid-Addukte (– – –) [8a].

5.5. Nichtionogene Tenside

stanzen im präparativen Maßstab durch stufenweise Äther-Synthese aufbauen [9]. Zweckmässigerweise benutzt man nicht Äthylenchlorhydrin für diese Reaktion, da es im alkalischen Medium in Äthylenoxid umgewandelt wird, sondern setzt ein Alkylhalogenid mit dem Alkoholat eines definierten Polydiols- oder noch einfacher – mit dem Gemisch aus Polydiol/KOH um.

Für definierte Alkyl-polyglykoläther aus sek. Alkoholen muß man einen Umweg einschlagen, da sek. Chloride im alkalischen Medium in Olefine umgewandelt werden. Schüring und Ziegenbein stellten dazu aus Alkylmagnesiumhalogeniden und 2-Alkyl-1,3-dioxolanen Monoglykoläther sek. Alkohole her, die direkt in die Chloride umgewandelt und weiter mit Polydiolen umgesetzt werden konnten, z. B. zum 1-Pentyl nonyl-polyglykoläther.

$$C_8H_{17}-\overset{\displaystyle O-CH_2-CH_2-O-(CH_2-CH_2-O)_nH}{\underset{|}{CH}}(CH_2)_4-CH_3$$

In der Patentliteratur finden sich zahlreiche Vorschläge zur Abwandlung des technischen Verfahrens der Äthylenoxid-Kondensation. Die Ciba [10] führt das außerhalb des Reaktionsraumes verdampfte Äthylenoxid ohne Überdruck in die Reaktionszone einer Umwälzapparatur ein, in der die zur Reaktion bestimmte Verbindung in feinen Tröpfchen verteilt ist. Als Katalysator dient Natrium, die Reaktionstemperaturen liegen zwischen 150 und 200° C.

Auch die Polyaddition von Äthylenoxid an hydrophobe Grundstoffe mit einem reaktionfähigen Wasserstoffatom führt bei hohen Temperaturen und in Gegenwart von Katalysatoren zu einer polymerhomologen Reihe von Polyäthylenoxid-Addukten, deren Molekulargewichtsverteilung der Poisson-Verteilung gehorcht. Die Breite der Poisson-Verteilung hängt von den Reaktionsbedingungen und den Aciditätsunterschieden zwischen der OH-Gruppe des Startmoleküls und der des Endproduktes ab. Auch der Restgehalt an nicht umgesetzten Anteilen ist umso niedriger, je höher die Acidität des Startmoleküls ist; er ist somit bei Fettalkohol-Äthylenoxid-Addukten höher als bei den Alkylphenol-Äthylenoxid-Addukten, bei denen zuerst der Monoglykoläther gebildet wird, bevor die Addition zum Polyglykoläther eintritt.

Abbildung 43 zeigt den Einfluß des Katalysators auf die Reaktionsgeschwindigkeit bei der Bildung eines Tridecanol-Äthylenoxid-Addukts.

In Abbildung 44 ist der Einfluß der Temperatur auf die Reaktionsgeschwindigkeit erläutert, und zwar am Beispiel des Tridecanol-Äthylenoxid-Addukts.

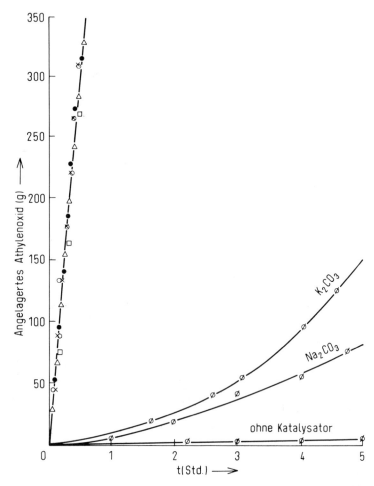

Abb. 43. Einfluß des Katalysators auf die Geschwindigkeit der Adduktbildung aus Tridecanol und Äthylenoxid bei 135–140° C (1 mol Alkohol : 0,036 mol Katalysator). □ : Na, △ : $NaOCH_3$, ● : $NaOC_2H_5$, X : KOH, O : NaOH. Untere Kurven: K_2CO_3, Na_2CO_3, ohne Katalysator [10a].

Bei Verwendung saurer Katalysatoren, unter denen auch die Komplex-Verbindung von Zinntetrachlorid und Dioxan zu nennen ist, entstehen aus dem Äthylenoxid als Nebenprodukte Polydiole und Dioxan, welches wegen seiner Giftigkeit durch Verringern des Druckes oder Durchblasen von N_2 aus dem Produkt sorgfältig ab-

5.5. Nichtionogene Tenside

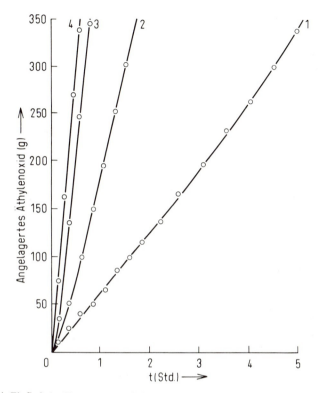

Abb. 44. Einfluß der Temperatur auf die Geschwindigkeit der Adduktbildung aus Tridecanol und Äthylenoxid (1 mol Alkohol : 0,036 mol KOH als Katalysator). 1: 105–110° C; 2: 135–140° C; 3: 165–170° C; 4: 195–200° C [10a].

getrennt werden muß. Bei der Polykondensation mit basischen Katalysatoren entsteht kein Dioxan.

Während alkalische Katalysatoren erst in Mengen von 0,5 mol pro mol Alkohol eine engere Molekulargewichtsverteilung des Addukts ermöglichen, wirken saure Katalysatoren schon in den technisch üblichen Mengen in dieser Richtung.

Unter den Alkyl-polyglykoläthern finden sich wichtige Vertreter aus der Gruppe der Waschmittel und Emulgatoren. In der Bundesrepublik Deutschland befassen sich unter anderem die Farbwerke Hoechst, Chemischen Werke Hüls AG, BASF und Th. Goldschmidt AG, Essen, mit der Produktion großer Mengen Fettalkohol-Äthylenoxid-Addukte, in USA beispielsweise Atlas Powder Co., Union Carbide, Jefferson, Röhm und Haas sowie General Aniline.

5. Chemische Zusammensetzung der grenzflächenaktiven Substanzen

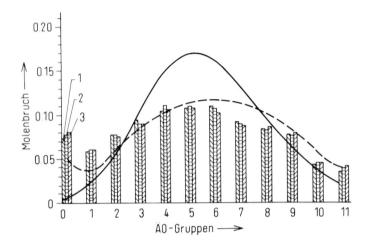

Abb. 45. Produkte der Umsetzung von 1 mol eines Alkohols mit 6 mol Äthylenoxid in Gegenwart von $NaOCH_3$. Die ausgezogene Linie kennzeichnet die Poisson-Verteilung, die gestrichelte die Weibull-Nycander-Verteilung [10a] mit r = 3. 1. Äthanol: 0,4 Mol-% $NaOCH_3$. 2. Hexanol: 1 Mol-% $NaOCH_3$. 3. Laurylalkohol: 1,7 Mol-% $NaOCH_3$ [10a].

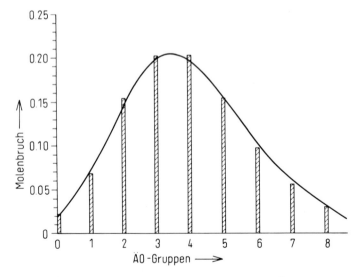

Abb. 46. Produkte der Umsetzung von 1 mol Hexanol mit 4,04 mol Äthylenoxid, katalysiert mit 0,14 Mol-% $SbCl_5$. Die ausgezogene Linie kennzeichnet die Poisson-Verteilung [10a].

5.5. Nichtionogene Tenside

Es sei noch die Veränderung der kritischen Micellbildungskonzentration (wässrige Lösungen von Dodecyl-polyglykoläther) mit steigendem Äthylenoxid-Gehalt, gemessen von Lange [11], aus den Knickpunkten der Oberflächenspannungskurven ermittelt, wiedergegeben (Tabelle 18).

Tabelle 18. Kritische Micellbildungskonzentration c_K bei 20 °C von Dodecyl-polyglykoläthern in Abhängigkeit von der Anzahl Äthylenoxid-Gruppen (ÄC) nach Lange [11].

Anzahl ÄO-Gruppen	c_k (mol/l)
5	$0{,}57 \cdot 10^{-4}$
7	$0{,}80 \cdot 10^{-4}$
9	$1{,}0 \cdot 10^{-4}$
12	$1{,}4 \cdot 10^{-4}$

In Abbildung 47 ist die durch Dodecyl-polyglykoläther mit verschiedener Anzahl Äthylenoxid-Gruppen bewirkte Solubilisation eines Azofarbstoffes in Abhängigkeit von der Konzentration aufgetragen.

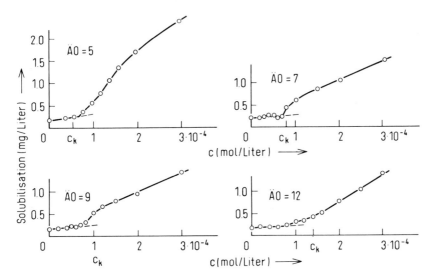

Abb. 47. Solubilisation des durch Kupplung von o-Toluidin mit ß-Naphthol hergestellten Azofarbstoffes durch Dodecyl-polyglykoläther in Abhängigkeit von der Konzentration und der Anzahl der Äthylenoxid-Gruppen (ÄO) nach Lange [11].

Aus Abbildung 47 geht hervor, daß die Übereinstimmung zwischen diesen Werten der Solubilisation und den zu den Knickpunkten gehörenden Konzentrationen (c_k) um so schlechter wird, je mehr Äthylenoxid-Gruppen das Molekül enthält.

5.5.3. Alkylphenolpolyglykoläther

Es hatte sich schon früher gezeigt, daß nicht nur die alkoholische, sondern noch besser die phenolische Hydroxygruppe zur Umsetzung mit Äthylenoxid und zur Bildung hochmolekularer Addukte befähigt ist. Als Grundstoffe für technisch wertvolle Alkylphenol-polyglykoläther, welche vorwiegend von der deutschen chemischen Industrie entwickelt wurden, dienen in erster Linie Nonylphenol (1,3,5-Trimethylhexylphenol), das Kondensationsprodukt von Tripropylen mit Phenol in Gegenwart von Silicat-Kontakten (Montmorillonit) oder sauren Ionenaustauscherharzen, ferner Octyl- und Dodecylphenol.

In Tabelle 19 sind die allgemeinen Eigenschaften sowie die Trübungspunkte von Nonylphenol-polyglykoläthern verschiedenen Äthylenoxid-Gehaltes (Arkopal-Typen der Farbwerke Hoechst, eines Produzenten dieser Tenside in der Bundesrepublik Deutschland) aufgeführt.

Tabelle 19. Allgemeine Eigenschaften von Nonylphenol-Äthylenoxid-(ÄO)-Addukten. Nonylphenol = 1,3,5-Trimethylhexylphenol (nach Lindner [11a]).

Arkopal	ÄO (mol)	Aussehen	Trübungspunkt v. 1-proz. wässr. Lsg.
N–040	4	viscose gelbe Fl.	nicht wasserlöslich
N–060	6	viscose gelbe Fl.	bei 20°C trüb.
N–080	8– 9	viscose gelbe Fl.	31–33°C
N–090	9–10	viscose gelbe Fl.	51–54°C
N–100	10	viscose gelbe Fl.	62–65°C
N–110	11	viscose gelbe Fl.	71–74°C
N–130	13	hellgelbe, noch fließende Paste	83–86°C
N–150	15	hellgelbe weiche Paste	92–95°C
N–230	23	gelbl. wachsartige Masse	bei 100°C noch klar
N–300	30	gelbl. wachsartige Masse	bei 100°C noch klar

Die Wasserlöslichkeit der Polyglykoläther nimmt also mit der Länge der Polyglykolätherkette zu, die Löslichkeit in nicht polaren aliphatischen Kohlenwasserstoffen und Ölen hingegen schnell ab (> 6 mol Äthylenoxid/mol Nonylphenol). In Alkoholen und Ketonen sowie aromatischen Kohlenwasserstoffen und Chlorkohlenwasserstoffen sind die Polyglykoläther unabhängig vom Äthylenoxid-Gehalt gut löslich.

Die Umsetzung der Alkylphenole mit Äthylenoxid wird ganz ähnlich wie die der Fettalkohole in einem entsprechend eingerichteten Rührgefäß im Chargenbetrieb durchgeführt. Der übliche Temperaturbereich ist 185–210° C, der Überdruck max. 1,2 atü; es werden meist alkalische Katalysatoren verwendet [12].

5.5.4. Acyl-polyglykoläther

Wie die Fettalkohole und Alkylphenole können auch Fettsäuren und ihre Derivate, z. B. Fettsäureamide, mit Äthylenoxid umgesetzt werden. Obschon Erzeugnisse dieser Art erhebliches technisches Interesse gewonnen haben, sind doch unter den Waschrohstoffen des Handels die Fettsäureabkömmlinge der Polyglykoläther weniger stark vertreten als die bisher besprochenen Typen.

Häufig benutzt man gerade bei den Fettsäuren den Weg, zunächst die Polyglykole in möglichst definierter Form herzustellen und diese dann mit Fettsäuren zu verestern. Diese Herstellungsmethode ist von Bennett [13] näher beschrieben worden. Ein Nachteil dieser Polyglykolveresterung ist das Entstehen diacylierter Polyglykoläther, aber auch bei Äthylenoxid-Addition an Fettsäuren ist die Bildung von Diacyl-Derivaten nicht auszuschließen. Unter den Acyl-polyglykoläthern finden sich hervorragende Emulgiermittel [14].

Ein Mangel der Fettsäure-Addukte ist die verhältnismäßig leichte Verseifbarkeit; besonders mit stärkerer Lauge in der Wärme. In der Praxis werden sie nur angewendet, wenn ihre Verseifbarkeit nicht stört.

Der entsprechende Waschmitteltyp wird im allgemeinen durch Addition von 12–15 mol Äthylenoxid an 1 mol einer Fettsäure gewonnen.

So ist Ölsäure, mit 6 mol Äthylenoxid umgesetzt, ein guter öllöslicher Emulgator. Ein Laurinsäure-Addukt mit 9 mol Äthylenoxid ist zwar mit Wasser mischbar, hat aber noch stark organophile Eigenschaften. Das Produkt eignet sich zur Herstellung von „Wasser in Öl"-Emulsionen. Bei einem höheren Äthylenoxid-Gehalt wandelt es sich in einen „Öl in Wasser"-Emulgator um (Abb. 48).

Die Ursache für die gute Eignung von Fettsäure-Äthylenoxid-Addukten als Emulgatoren liegt in der eigenartigen Balance zwischen Organophilie und Hydrophilie.

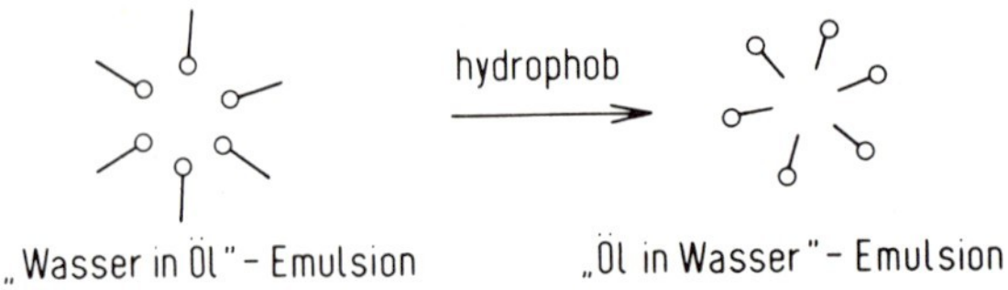

"Wasser in Öl"- Emulsion   "Öl in Wasser"- Emulsion

Abb. 48. Schematische Darstellung des Überganges von „Wasser in Öl"- in „Öl in Wasser"-Emulsionen.

Die Organophilie fördert zunächst die gegenseitige Lösung von Emulgator und mineralischen oder fetten Ölen, so daß sich bei anfänglich geringem Wasserzusatz zunächst eine „Wasser in Öl"-Emulsion bildet. Bei weiterem Wasserzusatz tritt dann eine Phasenumkehr ein, die nun dank der Hydrophilie des Emulgiermittels zu hochdispersen „Öl in Wasser"-Emulsionen führt.

Man erhält die Fettsäure-Derivate durch Behandlung von Fettsäuren mit Äthylenoxid in einer Stickstoffatmosphäre bei höheren Temperaturen unter Druck ähnlich wie die entsprechenden Abkömmlinge der Fettalkohole und Alkylphenole.

5.5.5. Hydroxyalkyl-fettsäureamide und ihre Äthylenoxid-Addukte

Eine wichtige Stellung nehmen unter den praktisch verwendeten Tensiden, vor allem in Kombination mit anderen Waschrohstoffen, die Hydroxyalkyl-amide ein, unter denen besonders die Äthyl-Derivate genannt werden müssen. Die Hydroxyalkyl-amide zählen zu den nichtionogenen Tensiden, da ihr kationischer Charakter völlig zurücktritt. Herstellung sowie Eigenschaften und Verwendung sind von Manneck [15] ausführlich beschrieben worden.

Sie entstehen durch Umsetzung der Fettsäuren oder ihrer Ester mit Aminoäthanol oder Iminodiäthanol.

$$R-COOH + H_2N-CH_2-CH_2OH \longrightarrow R-CO-NH-CH_2-CH_2OH + H_2O$$

$$R-COOH + HN(CH_2-CH_2OH)_2 \longrightarrow R-CO-N(CH_2-CH_2OH)_2 + H_2O$$

$$R = C_{12} - C_{18}$$

Die meist wachsartigen Hydroxyalkyl-fettsäureamide sind wenig gefärbt und haben ähnliche Erweichungspunkte wie die zugrundeliegenden Fettsäuren, z. B. Hydroxyäthylcocosfettsäureamid ca. 40° C, Hydroxyäthylstearinsäureamid ca. 90° C.

5.5. Nichtionogene Tenside

Die Hydroxyäthylamide können nicht für sich, sondern nur in Gegenwart waschaktiver Substanzen in Lösung gebracht werden. Ihre wertvollste Eigenschaft ist ihre schaumstabilisierende Wirkung in Verbindung mit Alkylbenzolsulfonaten sowie der hautfreundliche Einfluß, welchen sie Wasch- und Reinigungsmitteln verleihen.

Den Bis(hydroxyäthyl)amid-Derivaten, besonders den Polydiäthanolamiden*), kommt eine größere Bedeutung zu. Herstellung und Anwendung dieser Produkte gehen auf Arbeiten von Kritchevsky [16] zurück. Im allgemeinen werden Fettsäure oder Fettsäureester und Iminodiäthanol im Molverhältnis 1 : 2 auf 150° C erhitzt, bis 1 mol Wasser bzw. Alkohol abdestilliert und die Säurezahl auf ca. 5 zurückgegangen ist. Dabei entstehen auch basische Ester und andere Nebenprodukte, z. B.

$$HOCH_2-CH_2-N\bigcirc N-CH_2-CH_2OH; \quad R-CO-N\begin{smallmatrix}CH_2-CH_2OH\\CH_2-CH_2-N(CH_2-CH_2OH)_2\end{smallmatrix}$$

Die Bis(hydroxyäthyl)-fettsäureamide, die sich von Laurin- oder Cocosfettsäure ableiten, sind bräunliche Flüssigkeiten, welche sich klar in Wasser lösen. Sie weisen eine mittlere Waschwirkung und ein deutliches Netzvermögen auf. In Kombination mit anderen Tensiden beeinflussen sie vor allem die hydrotropen Eigenschaften von Waschmittelkombinationen günstig.

Außer den genannten Verbindungen finden auch hochprozentige Produkte Verwendung, welche – anders als die Polydiäthanolamide – durch Erhitzen von je 1 mol Fettsäureester und Iminodiäthanol auf 60–70° C erhalten werden [17].

Durch Umsetzung mit Äthylenoxid kann man die Eigenschaften der Hydroxyalkylfettsäureamide in weiten Grenzen verändern.

Die Anlagerung von Äthylenoxid an Hydroxyäthyl- oder Bis(hydroxyäthyl)-amide führt zu einer Steigerung der Netzwirkung, wenn zwischen den hydrophoben und hydrophilen Bausteinen des Moleküls die richtige Balance herrscht. So geben die Derivate der Laurin- oder Myristinsäure bei Anlagerung von 5 mol Äthylenoxid die besten Netzmittel. Die Derivate der Ölsäure und Stearinsäure erreichen das Optimum an Netzwirkung mit ca. 10 mol Äthylenoxid.

---

[*] Der Begriff „Polydiäthanolamide" umfaßt Umsetzungsprodukte von Iminodiäthanol mit Fettsäuren oder deren Estern. Außer Bis(hydroxyäthyl)amiden („Diäthanolamiden") sind dies z. B. auch N-Hydroxyäthyl-piperidin-Derivate.

Nach Amende [18] besteht jedoch die Möglichkeit von Nebenreaktionen bei der Umsetzung mit Äthylenoxid, welche die hydrophobe Komponente einer weiteren Einwirkung des Äthylenoxids entziehen und die Qualität des Endproduktes verschlechtern. Man kann diese Tendenz durch Verwendung von Aminoalkylglykoläthern anstelle von Aminoäthanol herabsetzen.

5.5.6. Fettamin-polyglykoläther

Auch Umsetzungsprodukte höhermolekularer Amine mit Äthylenoxid waren schon in den Grundpatenten der ehemaligen IG genannt und als oberflächenaktive Verbindungen bezeichnet worden. Additionsverbindungen von Äthylenoxid an Amine wie Octadecylamin, Dodecylamin, Oleylamin und Oleyläthylendiamin spielen als Textilhilfsmittel eine wichtige Rolle.

Während höhermolekulare Amine zu den kationaktiven Verbindungen zu rechnen sind, nähern sich die genannten Addukte besonders bei höheren Äthylenoxid-Gehalten den nichtionogenen Typen. Trotzdem verbleibt ihnen aber ein schwach kationaktiver Charakter. Typisch kationaktiv sind Umsetzungsprodukte von tert. Aminen, z. B. Dimethyldodecylamin, mit Äthylenoxid in Gegenwart von Wasser, wobei quaternäre Ammoniumbasen, in diesem Falle Dodecyl-hydroxyäthyl-dimethylammoniumhydroxid, entstehen.

$$\left[\begin{array}{c} C_{12}H_{25} - N(CH_3)_2 \\ | \\ (CH_2 - CH_2O) - H \end{array} \right]^{\oplus} OH^{\ominus}$$

Die Äthylenoxid-Addukte der Amine zeichnen sich gegenüber Farbstoffen aller Art durch besondere Egalisier-(Retardier-)Wirkung aus. Sie sind daher als Färbereihilfsmittel für Wolle, Polyamidfasern und Acetatreyon unentbehrlich. Ferner haben sie eine große Affinität gegenüber anionaktiven, Sulfogruppen enthaltenden Woll- und Küpenfarbstoffen.

5.5.7. Polyadditionsprodukte aus Äthylenoxid und Propylenoxid

Seit neben Großanlagen zur Herstellung von Äthylenoxid auch solche zur Herstellung von Propylenoxid entstanden sind, hat sich das Gebiet der nichtionogenen Tenside auf der Basis von Polyäthylenoxid stark und in mannigfaltiger Art erweitert. Schwerpunkte der Entwicklung waren die Anlagerung von Äthylenoxid an niedermolekulare Alkohole, die Polykondensation von Propylenoxid und die Polykondensation von Äthylenoxid mit Propylenoxid-Blockpolymerisaten sowie die Herstellung von Blockpolymerisaten aus beiden Alkylenoxiden und schließlich die

5.5. Nichtionogene Tenside

Addition von Äthylenoxid und Propylenoxid in verschiedenen Anteilen an Äthylendiamin.

Polypropylenoxid hat nur eine sehr geringe Wasserlöslichkeit. Sie ist praktisch bei

$$\text{HO-CH(CH}_3\text{)-CH}_2\text{OH} + y\,\text{H}_3\text{C-CH-CH}_2\text{O} \longrightarrow \text{HO-CH(CH}_3\text{)-CH}_2\text{O(CH(CH}_3\text{)-CH}_2\text{-O)}_y\text{H}$$

Raumtemperatur gleich Null, sofern y nicht höher als 5 ist. Bei y = 13 löst sich Polypropylenoxid zu 23 % in Wasser von 25° C, bei y = 16 jedoch beträgt die Wasserlöslichkeit nur noch 0,1 %. Durch Anlagerung von Äthylenoxid an die hydrophobe Komponente entstehen jedoch wasserlösliche und oberflächenaktive Tenside.

Jackson und Lundsted [19] von der Wyandotte Chemicals Co. haben als erste den hydrophoben Charakter von Polypropylenoxiden mit mehr als sechs Einheiten ausgenutzt und sie anstelle von Alkyl-Substituenten als hydrophoben Grundstoff für Polykondensationsprodukte mit Äthylenoxid angewendet. Außerdem erkannten sie die Brauchbarkeit der so erhaltenen Produkte auf dem Waschmittel- und Emulgatoren-Sektor.

Diese von der Fa. Wyandotte als Pluronics bezeichneten Block-Copolymeren werden durch Addition von Äthylenoxid an Polypropylenglykol hergestellt. Produkte, die durch eine Block-Copolymerisation von Äthylenoxid und Propylenoxid gewonnen werden, bringen u. a. auch die Chemischen Werke Hüls unter der Markenbezeichnung „Marlox" in den Handel.

Von der Union Carbide hergestellte Produkte (Tergitol) ähnlicher Zusammensetzung enthalten einen hydrophoben Grundstoff aus einem Alkohol als Initiator und einer ausreichenden Menge Propylenoxid und Äthylenoxid vom Molekulargewicht 1 000 bei einem Verhältnis von Propylenoxid zu Äthylenoxid = 95 : 5 oder 85 : 15.

Tergitol XD, ebenfalls ein Polyäthylenglykoläther, löst sich bis zu 20 % klar in Wasser, bei höherer Konzentration bildet es Gele.

Andere von der Fa. Wyandotte Chemical Co. angebotene „Pluronic-Polyole" sind Block-Copolymerisate, die unter Verwendung von Diolen (z. B. Propylenglykol) als Initiator und Umsetzung mit Äthylenoxid oder Äthylenoxid und Propylenoxid gewonnen werden, wobei jedoch eine Reihe von Bedingungen streng einzuhalten ist, wenn die Reproduzierbarkeit gewährleistet sein soll.

Die „Pluronic-Polyole" der allgemeinen Formel

$$\text{HO(C}_2\text{H}_4\text{O)}_a(\text{C}_3\text{H}_5\text{O})_b(\text{C}_2\text{H}_4\text{O})_c\text{H}$$

sind Flüssigkeiten, Pasten oder Feststoffe, die in kaltem Wasser besser als in heissem Wasser löslich sind. Je nach Typ sind sie wegen ihres Oxoniumionen-Charakters in verdünnten Mineralsäuren leichter löslich als in Wasser. Sie sind ausgesprochen organophil und nur in Benzin, Kerosen und Mineralöl unlöslich. Die „Pluronic-Polyole" schäumen wenig bis mäßig oder wirken sogar als Schaumzerstörer.

In Tabelle 20 ist die Oberflächenspannung von „Pluronic-Polyolen" bei verschiedenen Konzentrationen angegeben; zum Vergleich folgen in Tabelle 21 die entsprechenden Werte für Nonylphenolpolyglykoläther verschiedenen Äthylenoxid-Gehalts (Marlophen-Produkte der Chemischen Werke Hüls AG).

Tabelle 20. Oberflächenspannung (dyn/cm) von „Pluronic-Polyolen" (Wyandotte Chem. Co.) in Wasser. PO = Propylenoxid.

Konz. (%)	Ges.-MG = 2900 PO-MG = 1750 Trübungspunkt 53 °C	Ges.-MG = 2200 PO-MG = 1750 Trübungspunkt 26 °C	Ges.-MG = 2000 PO-MG = 1200 Trübungspunkt 63 °C
0,0001	72,9	72,4	72,6
0,001	58,3	50,4	54,4
0,0025	45,8	46,6	51,5
0,005	44,9	45,6	50,4
0,025	43,5	45,4	48,2
0,05	41,9	44,7	47,6
0,1	41,5	43,2	46,6
0,2	41,2	42,7	45,7

Die Verwendbarkeit der Pluronics ist vielseitig und erstreckt sich auf Waschrohstoffe, Emulgiermittel, Entschäumer etc.

Schließlich müssen noch den Pluronic-Polyolen analoge Produkte erwähnt werden, bei deren Aufbau durch Polyalkylenoxid-Addition aliphatische Diamine wie Äthylendiamin als Initiatoren dienen. Diese ebenfalls von der Wyandotte Chem. Co. entwickelten und als „Tetronic Polyols" bezeichneten Produkte entsprechen folgender allgemeiner Formel:

$$\begin{array}{c} H(C_2H_4O)_y(C_3H_6O)_x \\ H(C_2H_4O)_y(C_3H_6O)_x \end{array} N-CH_2-CH_2-N \begin{array}{c} (C_3H_6O)_x(C_2H_4O)_yH \\ (C_3H_6O)_x \cdot (C_2H_4O)_yH \end{array}$$

Tabelle 21. Trübungspunkte und Oberflächenspannung von „Marlophen"-Produkten (Chemische Werke Hüls) in 0,1-proz. wässriger Lösung. ÄO = Äthylenoxid.

Produkt	Trübungs-punkt (°C)	Oberflächenspannung (dyn/cm) bei 22°C
Marlophen 87 7–8 mol ÄO	22–24	29–30
Marlophen 88 8–9 mol ÄO	44–60	30
Marlophen 89 9–10 mol ÄO	60–70	30–32

Obschon jeder Vertreter der Tetronic-Serie von Polyolen aufgrund der beiden tert. N-Atome geringe kationische Eigenschaften hat, verhalten sich die Polyole doch wie nichtionogene Tenside. Wie die Pluronics schäumen sie nur schwach.

Die Tetronic-Polyole eignen sich nicht nur als Schaumzerstörer, Emulgatoren etc., sondern auch als Antistatica für Polyäthylen und für die Verarbeitung von Phenol-Formaldehyd-Harzen.

5.5.8. Aminoxide

Aminoxide sind die Umsetzungsprodukte tert. Amine mit Wasserstoffperoxid oder Peroxosäuren. In der allgemeinen Formel können R^1, R^2, R^3 aliphatische, aroma-

$$R^2-\underset{\underset{R^3}{|}}{\overset{\overset{R^1}{|}}{N}}\to O$$

tische, heterocyclische, alicyclische Reste oder Kombinationen sein.

In Aminoxiden, die als Tenside von Interesse sind, ist R^1 stets ein höhermolekularer Alkylrest, R^2 und R^3 sind meist Methylgruppen. Ein markantes Beispiel gibt Dimethyldodecylaminoxid.

Für Aminoxide wurden Dipolmomente von 4,38 Debye gemessen, wodurch die dative N→O-Bindung bewiesen wird. Die große Polarität der Aminoxide weist gleichzeitig darauf hin, daß die größte Elektronendichte am Sauerstoffatom herrscht. Das IR-Spektrum zeigt ferner, daß Aminoxide eine starke Bindungstendenz für Wasserstoffatome aufweisen, was ihre stark hygroskopischen Eigenschaften erklärt. Sie haben jedoch keinerlei Aktivität als Oxidationsmittel und sind daher auch völlig stabil, wenn sie mit anderen oberflächenaktiven Substanzen kombiniert werden. Oberhalb 150° C spalten Aminoxide sehr langsam in tert. Amin und Sauerstoff. In wässriger Lösung können sie je nach pH-Wert nichtionogen oder kationaktiv sein. In neutraler oder alkalischer Lösung bilden Aminoxide nichtionogene Hydrate.

Obwohl die Aminoxide viel weniger basisch als die tert. Amine reagieren, verhalten sie sich in saurer Lösung schwach basisch.

$$R_3N \rightarrow O + H^\oplus \rightleftarrows R_3NOH^\oplus$$

Die Formel bringt dieses Gleichgewicht zum Ausdruck. Daher wird auch die kritische Micellbildungskonzentration der kationischen Form bei Elektrolytzusatz stark herabgesetzt. In Tabelle 22 wird diese im neutralen und sauren Medium mit der des nichtionogenen Adduktes von 10 mol Äthylenoxid an n-Dodecanol verglichen.

Tabelle 22. Nichtionogene und kationische Eigenschaften von Dimethyldodecylaminoxid und Vergleichssubstanzen [20].

Substanz	Zusatz v. $Cl^\ominus$ (mol)	Krit. Micellbildungskonz. c_k
Dimethyldodecylaminoxid	0	0,048
Dimethyldodecylaminoxid	0,2	0,038
Dimethyldodecylhydroxyammoniumchlorid	$1 \cdot 10^{-3}$	0,19
Dimethyldodecylhydroxyammoniumchlorid	0,2	0,034
n-Dodecanol + 10 mol Äthylenoxid	0	0,004

Zur Oxidation der tert. Amine mit Wasserstoffperoxid ist ein Überschuß von etwa 10 % erforderlich. Die Abbildungen 49 und 50 veranschaulichen die Reaktionsgeschwindigkeit in Abhängigkeit von mehreren Variablen.

Die Oxidation muß in wässriger Lösung, möglichst bei gleichzeitigem Zulauf von Wasser und Wasserstoffperoxid zum vorgelegten Gemisch von Amin und Wasser

5.5. Nichtionogene Tenside

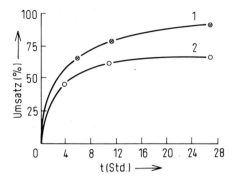

Abb. 49. Geschwindigkeit der Oxidation von Dimethyldodecylamin zum Aminoxid mit (1) 35- und (2) 70-proz. H_2O_2 bei 50° C [20a].

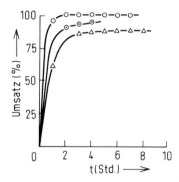

Abb. 50. Geschwindigkeit der Oxidation von Dimethyldodecylamin zum Aminoxid bei 50° C. O: Redestilliertes Amin, 10 % Überschuß von 35-proz. H_2O_2; ●: handelsübliches Amin, 25 % Überschuß von 35-proz. H_2O_2; △: handelsübliches Amin, 10 % Überschuß von 35-proz. H_2O_2 [20a].

und bei Verwendung von möglichst reinem tert. Amin vorgenommen werden, um bei relativ kurzen Reaktionszeiten einen möglichst hohen Umsatz zu erreichen.

Die hauptsächlichen Verfahren zur Herstellung von Dimethylalkylaminen sind die katalytische Umsetzung höherer Alkohole mit Dimethylamin im Überschuß an aktiver Tonerde als Katalysator, welche relativ gute Ausbeuten liefert, und die Umsetzung von Alkylchlorid mit Dimethylamin.

$$n\text{-}C_{12}H_{25}OH + NH(CH_3)_2 \xrightarrow[15\text{ atm}]{Al_2O_3\ 400°\text{ C}} n\text{-}C_{12}H_{25}N(CH_3)_2$$

$$n\text{-}C_{12}H_{25}OH \xrightarrow[ZnCl_2]{HCl} n\text{-}C_{12}H_{25}Cl \xrightarrow[150°\text{ C, 7 atm}]{HN(CH_3)_2} n\text{-}C_{12}H_{25}N(CH_3)_2$$

Andere leicht zugängliche und für die Herstellung von Aminoxiden geeignete Amine sind Diäthyldodecylamin, Dodecyl-bis(hydroxyäthyl)amin, Dimethylstearylamin etc.

Die Aminoxide geben beim Lösen in Wasser viskose Lösungen, in denen sie außerdem schaumstabilisierend wirken und die Hautverträglichkeit anderer Tenside fördern. Auch auf ihre Verwendung als Antistatica sei hingewiesen. Sie werden leicht und vollständig biologisch abgebaut. Bislang befinden sich jedoch nur einige aminoxidhaltige Produkte im Handel.

5.5.9. Sulfoxide und Phosphinoxide

Außer den Aminoxiden wurden auch andere Oxide dargestellt und bezüglich ihrer oberflächenaktiven Eigenschaften untersucht. So wurde Dodecylmethylsulfoxid in USA von Webb und der Unilever auf folgenden Wegen synthetisiert [21]:

$$C_{12}H_{25}Br + H_3CSH \longrightarrow C_{12}H_{25}SCH_3 + HBr$$

$$C_{12}H_{25}SCH_3 + H_2O_2 \longrightarrow C_{12}H_{25}\overset{O}{\underset{\|}{S}}CH_3 + H_2O$$

$$C_{12}H_{24} + H_3CSH \xrightarrow[100°\text{ C}]{HF} C_{12}H_{25}SCH_3 \xrightarrow[\text{oder } H_2O_2]{HNO_3} C_{12}H_{25}\overset{O}{\underset{\|}{S}}CH_3$$

Die Wasserlöslichkeit der Sulfoxide ist auf die stark polare Sulfoxidgruppe zurückzuführen.

Dodecylmethylsulfoxid soll als Schaumstabilisator und Dispergator für Kalkseifen verwendbar sein. Auch Phosphinoxide haben Tensid-Eigenschaften. Man erhält sie auf folgende Weise:

$$(C_4H_9O)_2P(O)H + na \longrightarrow (C_4H_9O)_2P(O)Na \xrightarrow{C_{12}H_{25}Br} (C_4H_9O)_2P(O)C_{12}H_{25}$$

Phosphinoxide sollen schaumverstärkend wirken und gute Reinigungsmittel sein.

5.5.10. Nichtionogene Tenside auf Mono- und Polysaccharid-Basis

Die jährliche Weltproduktion an Rohrzucker beträgt über 40 Mio t. Aus Zuckerrohr oder Zuckerrüben ließe sich ein Vielfaches an Zucker gewinnen, sofern die chemische Industrie als Großabnehmer aufträte. Bei Bemühungen um eine technische Nutzbarmachung dieses wichtigen Rohstoffes stand die Darstellung nichtionogener Tenside im Vordergrund.

An oberflächenaktiven Umwandlungsprodukten des Zuckers wurden bisher Glykoside und Äther, Ester, Urethane, Harnstoffe und Amide hergestellt; nur die Zuckerester haben auf dem Tensidgebiet eine gewisse Bedeutung erlangt.

Unter den Di- und Polysacchariden hat naturgemäß Saccharose den Vorrang, da sie handelsüblich bereits in hoher Reinheit zur Verfügung steht und billig ist. Nur die wasserlöslichen Fettsäure-Zucker-Monoester weisen oberflächenaktive Eigenschaften auf.

Im Hinblick auf die große Empfindlichkeit von Saccharose gegen Hitze und Säuren können Zuckerester nur unter milden Bedingungen dargestellt werden. Als Lösungsmittel haben sich in erster Linie Dimethylformamid (DMF), Dimethylsulfoxid oder Pyrrolidon bewährt. Die Gewinnung der Ester höherer Fettsäuren (z. B. der Kokosfettsäure oder Myristin-, Palmitin-, Öl- und Stearinsäure) gelingt durch Umesterung der entsprechenden Fettsäuremethylester und Saccharose in Gegenwart von Alkalien (Natriummethanolat, Kaliumcarbonat etc.) als Umesterungskatalysatoren. Bei einem Verhältnis von 3 mol Saccharose zu 1 mol Fettsäureester werden ca. 90 % des Fettsäureesters in den Monoester der Saccharose umgewandelt. Die ersten Arbeiten zur Darstellung von Saccharoseestern gehen auf Snell et al. [21] zurück. Es werden jedoch meist nur 30—60 % Monoester isoliert; der Rest besteht aus Seifen und polysubstituierten Estern der Saccharose.

In reiner Form sind die Monoester der Saccharose farb-, geruch- und geschmacklose Substanzen mit Schmelzpunkten zwischen 50 und 100° C, die z. T. in warmem Wasser, Äthanol, Methanol und Aceton gut löslich sind. 20-proz. Lösungen von Saccharosepalmitat sind relativ viskos und erstarren bei Abkühlung gelartig.

Für die Verwendung von Saccharose-Monoestern als Tenside ist wichtig, daß sie vom wasserwirtschaftlichen und gesundheitlichen Standpunkt aus völlig unbedenklich sind. Während ein Vergleich ihres Waschvermögens nach dem Launder-Ometer-Test mit dem des Natriumdodecylbenzolsulfonates und des Tallölsäure-Polyäthylenoxid-Kondensationsproduktes günstig für die Saccharosemonoester ausfällt, sind Benetzungsgeschwindigkeit und Schaumkraft, unabhängig von der Wasserhärte, geringer. Wegen ihrer Alkaliempfindlichkeit haben sie nur begrenzte Anwendungsmöglichkeiten.

Saccharosemonoester eignen sich aber für „Öl in Wasser"-Emulsionen. Diester können in der Nahrungsmittelindustrie als Netzmittel für Pulver (Kakao, Kaffeepulver, Milchpulver) dienen, müssen dann aber sehr sorgfältig von allen Verunreinigungen, insbesondere dem Lösungsmittel (DMF), befreit werden.

5.5.11. Literatur

[1.] H. Staudinger: Die hochmolekularen organischen Verbindungen, Kautschuk und Cellulose. Springer, Berlin 1932, S. 287.
[2.] M. Kehren u. M. Rösch, Melliand Textilber. *38*, 96 (1957); Fette-Seifen-Anstrichmittel *59*, 80 (1957).
[3.] L. Orthner, Melliand Textilber. *31*, 263 (1950).
[4.] B. Wurtzschmidt, Z. analyt. Chem. *130*, 2, 105 (1950).
[5.] L. Marcou, Teintex *17*, 421 (1952).
[5a.] K. Lindner, Tenside *4*, 162 (1967).
[6.] M. Kehren u. M. Rösch, Z. ges. Textilind. *59*, 13 (1957).
[7.] J. Stadtler, Melliand Textilber. *31*, 556 (1950).
[8.] C. Schöller, Melliand Textilber. *31*, 493 (1950).
[8a.] FIAT Final Rep. Nr. 1141, S. 8 (1947).
[9.] S. Schüring u. W. Ziegenbein, Tenside *4*, 161 (1967).
[10.] P. Bernouilli u. A. Gross, DBP 969 265 (1958), Ciba AG; Chem. Abstr. *54*, 2823 (1960).
[10a.] B. Weibull u. B. Nycander, Acta chem. scand. *8*, 847 (1954).
[10b.] M. J. Schick: Nonionic Surfactants. Marcel Dekker, New York 1967.
[11.] H. Lange, III. Int. Kongress für grenzflächenaktive Stoffe, Köln 1960, Verlag der Universitätsdruckerei Mainz 1963, Bd. I, Section A.
[12.] L. Orthner, Melliand Textilber. *31*, 263 (1950); Seifen-Öle-Fette-Wachse *77*, 367 (1951).
[13.] H. Bennett, US-Pat. 2 275 494 (1942); Chem. Abstr. *36*, 4234[6] (1942).
[14.] DRP 623 482 (1936); Chem. Zbl. *1936*, I, 2866; DRP 626 491 (1936); Chem. Zbl. *1936*, I, 5552.
[15.] H. Manneck, Seifen-Öle-Fette-Wachse, *88*, 853 (1962).
[16.] W. Kritchevsky, US-Pat. 2 089 212 (1936); Chem. Abstr. *31*, 6773[3] (1937).
[17.] F. C. Magne, R. R. Mod u. E. L. Skon, J. Amer. Oil Chemists' Soc. *40*, 541 (1963).
[18.] J. Amende, Fette-Seifen-Anstrichmittel *63*, 444 (1961).
[19.] S. Jackson u. L. G. Lundsted, US-Pat 2 677 700 (1954), Wyandotte Chem. Co.; Chem. Abstr. *48*, 9727g (1954).

[20.] E. Jungermann, Soap chem. Specialties *40*, Nr. 9, S. 59 (1964).
[20a.] D. B. Lake u. G. K. Hoh, J. Amer. Oil Chemists' Soc. *40*, 628 (1963).
[21.] D. Webb, US-Pat. 2 787 595 (1957), Union Oil Co.; Chem. Abstr. *51*, 10 100 b (1957); Unilever Ltd. Brit. Pat. 846686 (1960); Chem. Abstr. *55*, 40176 (1961).
[22.] F. D. Snell, W. C. Tork u. A. Finchler, Ind. Engng. Chem. *48*, 1459 (1956).

5.6. Carboxylate

Die stürmische Entwicklung der Chemie und Industrie der synthetischen Waschmittel etwa seit 1928 hat der Seifenproduktion beachtlichen Abbruch getan. Die wichtigsten Vorteile der modernen synthetischen Waschmittel sind die neutrale Reaktion ihrer Lösungen, die Beständigkeit gegen die Härtebildner des Wassers, die meist hervorragende Waschwirkung und die Verwendbarkeit sogar in sauren Lösungen.

Andererseits weisen aber die „echten Seifen" unter günstigen Voraussetzungen, d. h. in weichem Wasser, und in den Fällen, in denen ihre alkalische Reaktion nicht stört, bemerkenswerte Vorzüge auf. So vereinigt Seife wie kaum ein synthetisches Tensid gute Waschkraft und gutes Schmutztragevermögen.

Obschon den Seifen deshalb noch beachtliche Einsatzgebiete erhalten geblieben sind, ist die Seifenproduktion im Verhältnis stark zurückgegangen (Tabelle 23).

Tabelle 23. Produktion von Seifen und synthetischen Tensiden in der Bundesrepublik Deutschland (s. dazu auch Abb. 64).

Produktion auf	Seifenbasis	synth. Basis
1965	108 100 t	605 498 t
1966	108 463 t	671 784 t

Andererseits wird jedoch das Gebiet der Körperreinigungsmittel außer Haarwaschmitteln, Badepräparaten und Desinfektionsmitteln noch immer von den Seifen beherrscht. Bei der Textilveredelung oder als Reinigungsmittel in der Industrie werden Seifen kaum noch als solche, sondern in Verbindung mit synthetischen Tensiden verwendet.

5. Chemische Zusammensetzung der grenzflächenaktiven Substanzen

Wie bei allen Tensiden werden auch bei den Seifen die charakteristischen Eigenschaften wie Löslichkeit, Micellbildung, Beeinflußung von Oberflächen- und Grenzflächenspannung, Gelbildung etc. durch den Bau des hydrophoben Molekülteiles, d. h. die Anzahl der C-Atome in der Fettsäurekette sowie das Fehlen oder Vorhandensein von Doppelbindungen und Kettenverzweigungen bestimmt.

Die niederen Glieder der Fettsäurereihe bilden noch keine Alkalimetallsalze mit den für Seifen charakteristischen Eigenschaften. Die Oberflächenaktivität tritt mit dem Anwachsen der Kohlenstoffkette mehr und mehr in Erscheinung und ist bei den höhermolekularen Gliedern mit 12—18 C-Atomen aufs höchste ausgebildet.

Die Abnahme der Oberflächenspannung von Lösungen dieser Natriumcarboxylate gegen Luft verläuft nicht gleichmässig mit dem Übergang von den niederen zu den höheren Homologen. In 0,5 N ebenso wie 0,005 N-Lösung bei 15—18 C-Atomen sinkt diese zwar zunächst stetig und erreicht bei Natriummyristat ein Optimum, während Natriumpalmitat und -stearat wieder höhere Oberflächenspannungen zeigen. Die Traubesche Regel, nach der die Oberflächenaktivität gelöster organischer Stoffe mit dem Ansteigen der homologen Reihe in regelmässiger, berechenbarer Weise wächst, trifft daher auf die höheren Seifen nur bedingt zu.

Der Temperaturkoeffizient der Oberflächenaktivität ist wie bei anderen Tensiden bei den Anfangs- und Mittelgliedern der homologen Seifen wesentlich kleiner als bei den höheren Homologen, d. h. daß in der Wärme das Optimum der Wirkung nicht mehr bei der Laurin- oder Myristinsäure, sondern bei den höheren Gliedern liegt. Schon bei 65° C ist die Oberflächenspannung von 0,5-proz. Natriumlaurat etwas höher als die der entsprechenden Natriumstearat-Lösung. Bei 60—75°C weist Natriumpalmitat, bei 90—99° C Natriumstearat maximale Oberflächenaktivität auf.

Seifen mit ungesättigten Alkylketten unterscheiden sich von den gesättigten mit gleich vielen C-Atomen durch eine wesentlich höhere Kaltlöslichkeit. Die Oberflächenspannung gegen Luft und die Grenzflächenspannung gegenüber Mineralöl, die weitgehend übereinstimmen, ist bei Natriumoleat-Lösung kleiner als bei Lösungen der entsprechenden gesättigten Seifen.

Die Verzweigung der Alkylketten bewirkt nach Metzger [1] eine Steigerung der Oberflächenaktivität. Die Natriumsalze der Isofettsäuren sind ferner schwerer aussalzbar als die der entsprechenden unverzweigten Fettsäuren.

Die höheren Fettsäurehomologen wie Natriumerukat (C_{22}) sind, durch ihre Schwerlöslichkeit bedingt, weniger kapillaraktiv. Seifen stärker ungesättigter Fett-

5.6. Carboxylate

säuren wie die der Linolensäure oder die der Hydroxyfettsäuren wie die der Ricinolsäure sind weniger kapillaraktiv als Oleate.

Der wichtigste Gesichtspunkt bei der Betrachtung des physikalischen Verhaltens der Seifen ist auch hier die Bildung der charakteristischen Micellen. Sie entstehen aus nichtdissoziierten Neutralseifenteilchen, die nun ihrerseits von den Fettsäureanionen adsorbiert werden und deren Gewicht stark vermehren, so daß Micellgewichte von 30 000 auftreten können:

$$C_{17}H_{33}\text{-COONa} \longrightarrow C_{17}H_{33}\text{-COO}^{\ominus} + Na^{\oplus} \quad (a)$$

$$(x\ C_{17}H_{33}\text{-COONa} \cdot y\ C_{17}H_{33}\text{-COO})^{y\ominus} + y\ Na^{\oplus} \quad (b)$$

Gleichung (a) gibt die einfache Dissoziation der Natronseife wieder, Gl. (b) veranschaulicht die Adsorption von x Neutralseifenmolekülen an y aggregierte Fettsäureanionen (Kolloidmicellen).

Ein wichtiges Charakteristikum der Seife ist ferner das auch bei Äthersulfaten u. a. anzutreffende Gelbildungsvermögen, welches ebenfalls eine Funktion der Länge der Kohlenstoff-Kette ist. Während die Alkalimetallsalze der niederen Glieder bis zu C_{10} nach Fischer [2] noch echte Lösungen bilden, fällt bei den höheren Gliedern die echte Löslichkeit schnell ab, und das Wasserbindungs- oder Gelbildungsvermögen nimmt stark zu. So vermag Natriumlaurat pro Gramm-Molekül 4 Liter Wasser, Natriummyristat (C_{14}) 12 Liter, Natriumpalmitat (C_{16}) 20 Liter, Natriumstearat (C_{18}) 27 Liter, Natriumarachat (C_{20}) 37 Liter Wasser zu binden.

Die oberflächenaktiven Wirkungen der gesättigten C_{12}- bis C_{14}-Seifen erweisen sich wie bei anderen Tensiden somit als optimal, jedenfalls bis zu 55° C, was auch für die Schaumkraft und die Waschwirkung gilt. Die Seifenindustrie bevorzugt daher Kokos- und Palmkernfett mit 60–70 % Anteilen an C_{12}- bis C_{14}-Fettsäuren als Haupt-Rohstoffquelle.

Demgegenüber enthalten die Produkte der Paraffinoxidation nur ca. 40 % C_{12}- bis C_{14}-Glieder oder 62 % C_{11}- bis C_{15}-Glieder, berechnet auf die gesamte Menge an Carboxylaten, sind aber trotzdem für die Herstellung von Seifen geeignet.

Natriumoleat weist im Vergleich zu den gesättigten Seifen wie Laurat (Kaltwäscher) und Stearat (Heißwäscher) die geringste Temperaturabhängigkeit auf.

5.6.1. Kali- und Natronseifen

Der Ersatz des Natriums durch Kalium wirkt sich kollidchemisch und waschtechnisch wie eine Verkürzung der Kohlenstoffkette in den gesättigten Fettsäuren oder wie ein Austausch der gesättigten durch ungesättigte Fettsäuren aus.

Kaliseifen zeichnen sich gegenüber den Natronseifen durch leichtere Löslichkeit aus und erreichen ihre maximale Waschwirkung bereits bei tieferen Temperaturen als Natronseifen, auch schäumen die Kaliseifen stärker. Ein Nachteil ist ihre größere Neigung zum Ranzigwerden. In gleichmolekularen Lösungen hat Kaliumoleat eine kleinere Oberflächenspannung als Natriumoleat.

Auf ihre höhere Löslichkeit in Alkoholen und umgekehrt ist wohl ihre bessere Eignung zur Gewinnung von Emulsionen zurückzuführen, in denen die Kaliseife die Rolle des Dispergiermittels und Schutzkolloids spielt.

Am Verbrauch von Wasch- und Reinigungsmitteln nehmen Kaliseifen jedoch nur noch einen geringen Anteil ein. Sie werden vorwiegend in Form von Schmierseifen verwendet.

5.6.2. Seifen des Ammoniaks und der organischen Basen

Mit NH_3 als schwacher Base können nur freie Fettsäuren neutralisiert, nicht dagegen Neutralfette verseift werden. Das gleiche gilt für die z. T. erheblich stärkeren organischen Basen.

Ammonseifen sind noch wesentlich weicher als Kaliseifen. Die Ammonseifen der gesättigten C_{10}- bis C_{14}-Säuren sind ebenso wie Ammoniumoleat selbst in höheren Konzentrationen flüssig oder halbflüssig. Wie die Kaliseifen haben sie eine ausgezeichnete Emulgierwirkung, besonders in Gegenwart hydroxylhaltiger Verbindungen.

Bei der Hydrophobierung (Imprägnierung) von Textilien mit Ammonseifen wird ihre an sich nicht erwünschte Neigung ausgenutzt, bei erhöhter Temperatur zunächst in saure Seifen überzugehen, die schließlich in Fettsäure und NH_3 zerfallen. Günstiger verhalten sich in Bezug auf den Zerfall in Fettsäure und NH_3 organische Basen als Verseifungsmittel, so z. B. Triäthanolaminseifen, welche als Emulgier- und Avivagemittel dienen. Das gleiche gilt von Isopropanolamin- und Morpholinseifen.

Die Seifen werden in drei Gruppen gegliedert und nach der Handelsbezeichnung unterschieden in

1. normale Kernseifen
a) auf Unterlauge
b) auf Leimniederschlag

2. Leimseifen
a) Natronseifen
b) feste Kaliseifen

3. Schmierseifen

Kernseifen. Rohmaterial aus tierischem Fett sind Talg, Kammfett, Leimsiedereifett, Knochenfett; aus pflanzlichen Ölen Palmöl, Pflanzentalg, Cottonöl, Maisöl, Sesamöl, Olivenöl, Erdnussöl, Palmkernöl, Kokosöl.

Beim *Unterlauge-Verfahren* werden Mischungen der Fette im Siedekessel angewärmt und mit einem Drittel der aus der Verseifungszahl berechneten Menge Natronlauge emulgiert. Das zweite Drittel wird in konzentrierterer Form zugesetzt, und man wartet mit dem Rest bis zum Verbrauch des Alkalis. Zuletzt prüft man („Abrichtung"), ob ein Überschuß an Alkali von 0,2–0,5 % vorhanden ist.

Darauf folgt das Aussalzen, wodurch eine Koagulation der Seifen und die Abscheidung von Verunreinigungen erreicht werden. Schließlich läßt man zur Entfernung der Schaumbläschen aus dem entstandenen Seifenkern klarsieden, zieht dabei einen Teil der Unterlauge ab und läßt 24–28 Stunden stehen. Zur Entfernung des Restalkalis setzt man der heißen Kernseife ca. 8 % heißes Kokosöl zu, wodurch die Seife außerdem ein glänzendes und glattes Aussehen erhält.

Das *Leimniederschlag-Verfahren* unterscheidet sich vom vorher beschriebenen dadurch, daß die Seife nicht vollständig ausgesalzen wird, so daß unter der Kernseife eine leimartig viskose Salzlösung, der gallertartige Leimniederschlag, schwimmt.

Der Fettansatz besteht aus 30 % tierischem Fett, 60 % Pflanzenöl, insbesondere Kokos- oder Palmkernöl, und 10 % Leinöl.

Die Verseifung gleicht somit dem Unterlauge-Verfahren, erlaubt jedoch von Anfang an die Verwendung höherer Laugenkonzentrationen. Man salzt mit 24-proz. Kochsalzlösung aus. Durch Einblasen von Dampf wird dann die Unterlauge verdünnt („Ausschleifen"); dadurch bildet sich erst der Leimniederschlag. Den gleichen Effekt erreicht man durch Ablassen der Unterlauge und Zufügen von konzentrierter Kochsalzlösung. Anschließend wird mit heißem Wasser bis zur teilweisen Auflösung der Seife verdünnt. Schließlich wird der Leimkern mit festem Kochsalz abgeschieden.

Die Kernseifen auf Leimniederschlag schäumen besser, sind weniger spröde, sehen meist besser aus und enthalten weniger Salze als die auf Unterlauge erzeugten Kernseifen. Sie überragen diese meist auch in Bezug auf die Waschkraft. Zur weiteren Verarbeitung und Formgebung dienen Form- oder Plattenkühlmaschinen.

Schmierseifen sind, wie schon erwähnt, Kaliseifen, die für gewerbliche Zwecke gebraucht werden; sie sind von salbenartiger Konsistenz und je nach dem Fettansatz weiß, gelb, grün oder braun. Ihre Herstellung gleicht der der Leimseifen. Der Fettansatz besteht aus Leinöl, Sojabohnen-, Mais-, Oliven-, Sesam-, Erdnuss-, Walöl, Olein und Harz. Als Zusätze kommen Talg, Knochenfett, Palmöl oder Schweinefett in Betracht.

Unter den *Textil- und Wäschereiseifen* muß die Marseiller Seife genannt werden, da sie auch heute noch eine gewisse Bedeutung hat. Sie wird aus Oliven- und Erdnussöl auf Leimniederschlag erzeugt und kommt als grüne Seife in den Handel, ursprünglich speziell für das Entbasten und Färben von Seide, aber auch heute noch zur Veredelung anderer Textilien dienend. Sie muß ebenfalls frei von Ätzkali und unverseifbaren Stoffen sein.

5.6.3. Kombination von Carboxylaten und synthetischen oberflächenaktiven Stoffen

Mit dem Aufkommen synthetischer oberflächenaktiver Stoffe wurden auch Kombinationen von Seifen mit jenen entwickelt. So verleihen Alkylbenzolsulfonate den Seifen eine größere Säurebeständigkeit, während Sulfate ungesättigter Fettalkohole sie gegen Wasserhärte zu schützen vermögen. Bei Anwendung synthetischer waschaktiver Substanzen zusammen mit Seifen geht die Kalkseifendispergierung offenbar mit der Kalkseifenbildung gemeinsam vonstatten, so daß erst nach vollendeter Kalkseifenbildung die Waschwirkung eintritt. Auch pflegen Seifen den Schaum des synthetischen Waschrohstoffes zu bremsen. Durch die enthärtende Wirkung von Polyphosphaten kann das Unwirksamwerden der Seife durch Kalkseifenbildung weitgehend verhindert werden.

5.6.4. Literatur

[1]   A. Metzger, Fette-Seifen-Anstrichmittel *60*, 178 (1958).
[2]   K. Fischer, Kolloidchem. Beih. *15*, 1–4 (1922).

5.7. Kationaktive Verbindungen

Kationaktive, die Oberflächenspannung wässriger Lösungen erniedrigende Substanzen sind durch die Anwesenheit einer langkettigen hydrophoben Gruppe ausgezeichnet. Die ihnen zugrundeliegenden organischen Basen (z. B. Amine mit 12–36 C-Atomen) sind in Wasser unlöslich, ihre Salze aber sind wasserlöslich und dissoziieren. Das hochmolekulare, meist stickstoffhaltige Kation trägt somit die positive, der Säurerest die negative Ladung. Anders als bei Seifen und anderen anionaktiven Verbindungen sind die in wässriger Lösung entstehenden kation-

5.7. Kationaktive Verbindungen

aktiven Kolloidmicellen positiv geladen. Das Kation enthält den höhermolekularen „Fettrest" und neigt zur Adsorption an die undissoziierten Neutralanteile unter Bildung positiv geladener Kolloidmicellen.

Alle kationaktiven Systeme sind in ihren wässrigen Lösungen elektrolytisch dissoziiert. Die hochmolekularen Kolloidmicellen können analog den Aniontensid-Micellen aus Aggregaten mit noch nicht dissoziiertem Kationtensid bestehen. Die niedrigmolekularen Anionen sind in der Regel die negativ geladenen Säurereste $Cl^\ominus$, $Br^\ominus$, $SO_4^{2\ominus}$, $CH_3-COO^\ominus$ etc.

Entscheidend für den Wert einer kationaktiven Verbindung als Tensid ist ebenso wie bei den anionaktiven und nichtionogenen Tensiden der hydrophobe Rest oder das Gleichgewicht, in dem dieser mit dem hydrophilen Baustein des Moleküls steht. Der hydrophobe Anteil kann ein höhermolekularer Alkylrest sein, er kann aber auch durch andere hochmolekulare Verbindungen wie Fettsäuren, Fettsäurechloride, Fettsäureamide, Fettsäureester, Alkylsulfonsäuren oder Alkylsulfonamide mit dem basischen Grundkörper verknüpft sein, welcher noch ein Zwischenglied oder mehrere Zwischenglieder zwischen den höhermolekularen Alkylrest und der das Heteroatom (z. B. $-N-$) enthaltenden Base einschiebt.

R-N-Typ, z.B. $[C_{16}H_{33}NH_3]^\oplus$ $Cl^\ominus$ $[(H_5C_2)_2-\underset{H}{N}-C_{16}H_{33}]^\oplus$ $Cl^\ominus$

R-X-N-Typ, z.B. $[(H_3C)_3N-C_2H_4OH]^\oplus$ $OH^\ominus$ $[(H_3C)_3N-C_2H_4OR]^\oplus$ $OH^\ominus$

Eine charakteristische Eigenschaft fast aller kationaktiven Produkte ist ihre Fähigkeit, sich mit Aniontensiden wie Seifen, Fettalkoholsulfaten, Fettsäurekondensationsprodukten oder anderen anionischen Kolloidelektrolyten stöchiometrisch zu elektroneutralen Salzen umzusetzen, die infolge ihres hohen Molekulargewichtes meist in Wasser unlöslich sind, was technisch und analytisch von Bedeutung ist. Bei Äthylenoxid enthaltenden höhermolekularen Aminen schwächt sich der Charakter als Kationtensid mit zunehmendem Gehalt an Äthylenoxid ab, so daß sie von Aniontensiden nicht ausgefällt werden.

Große Bedeutung kommt den kationaktiven Oniumverbindungen als Weichmachern in der Avivage zu, da sie Affinität zu den an sich negativen Fasern besitzen. Dies hat ein besseres Aufziehen der Nachbehandlungsmittel zur Folge, was einer Ersparnis an Avivagemittel gleichkommt. Als Beispiel eines solchen kationaktiven Weichmachers sei das Sapamin, ein Stearylamidoäthyltrimethylammoniummethylsulfat der Ciba genannt.

$$\left[C_{17}H_{35}-\overset{O}{\overset{\|}{C}}-NH-CH_2-CH_2-\overset{CH_3}{\underset{CH_3}{\overset{|}{N^{\oplus}}}}-CH_3 \right] H_3CSO_4^{\ominus}$$

Bei Kationtensiden werden die drei Hauptgruppen Aminverbindungen, Oniumverbindungen und stickstoffreie Kationtenside unterschieden. Bei der ersten und wichtigsten dieser drei Gruppen kann wieder in Verbindungen, in denen der hydrophobe Rest unmittelbar an Stickstoff gebunden ist, und solche, bei denen der hydrophobe Rest durch Zwischenglieder von Stickstoff getrennt ist, d. h. in Tenside mit einer R-N- und einer R-X-N-Bindung, unterteilt werden.

5.7.1. Aminverbindungen

Die Grundlage dieser kationaktiven Verbindungen sind höhermolekulare, langkettige Amine mit primärer, sekundärer oder tertiärer Amin-Gruppe. Eine wichtige Gruppe sind die tert. Amine mit einem höhermolekularen aliphatischen (C_{12}- bis C_{14}-)Rest sowie zwei Methyl-Resten, zu deren Herstellung zahlreiche Verfahrenswege zur Verfügung stehen. Eine vielfach für Kationtenside angewendete tert. Base ist das Lauryldimethylamin $C_{12}H_{25}N(CH_3)_2$, welches als quartäres Ammoniumsalz des Benzylchlorids unter der Bezeichnung Zephirol als Bactericid oder Germizid bekannt ist.

$$\left[H_3C-N\underset{CH_3}{\overset{CH_2C_6H_5}{-C_{12}H_{25}}} \right]^{\oplus} Cl^{\ominus}$$

Für die Umwandlung von tert. Aminen in quartäre Ammoniumsalze gibt es mannigfaltige Möglichkeiten. Eine Methode, zu der auch primäre und sekundäre Amine verwendet werden können und welche unmittelbar zu quaternären Basen führt, besteht in der Einwirkung von Äthylenoxid oder Propylenoxid, Glycidol u. a. in Gegenwart von Wasser auf die Amine. Bei tert. Aminen verläuft die Umwandlung in quartäre Basen wie folgt:

$$RN(CH_3)_2 + C_2H_4O + H_2O \longrightarrow \left[R-\overset{CH_3}{\underset{C_2H_4OH}{\overset{|}{N}}}-CH_3 \right]^{\oplus} OH^{\ominus}$$

während primäre Amine bei der gleichen Behandlung mit Äthylenoxid im Überschuß die entsprechenden Verbindungen mit drei stickstoffgebundenen Hydroxyäthylgruppen liefern:

$$RNH_2 + 3\ C_2H_4O + H_2O \longrightarrow [R-N(C_2H_4OH)_3]^{\oplus}\ OH^{\ominus}$$

5.7. Kationaktive Verbindungen

Diese Reaktion primärer Amine mit Äthylenoxid kann auf der Stufe sekundärer oder tertiärer Amine abgestoppt werden.

Werden Alkylamine mit Äthylenoxid im Überschuß, jedoch in Abwesenheit von Wasser umgesetzt, entstehen die normalen Addukte, welche schon bei der Besprechung der nichtionogenen Tenside erwähnt wurden.

$$RNH-(C_2H_4O)_n-H$$

Wichtige schwach kationaktive Verbindungen mit einem durch Zwischenglieder von Stickstoff getrennten hydrophoben Rest, also Verbindungen mit R-X-N-Bindung, leiten sich von den Aminoalkoholen ab.

Bei Anwendung auf Nitrilotriäthanol wird die Hydroxygruppe verestert, z. B.

$$N\begin{matrix}\diagup C_2H_4O\text{-}OC\text{-}R\\ -C_2H_4OH\\ \diagdown C_2H_4OH\end{matrix}$$

Die Hydroxygruppen können auch veräthert werden, z. B.

$$N\begin{matrix}\diagup C_2H_4OR\\ -C_2H_4OR\\ \diagdown C_2H_4OR\end{matrix}$$

Diese Verbindungen lassen sich durch anschließende Reaktion mit Äthylenoxid modifizieren.

5.7.2. Oniumverbindungen

Die überwiegende Anzahl der interessanten Kationtenside gehört zur Gruppe der quartären Ammonium- und Pyridiniumverbindungen, deren einfachste Vertreter durch Anlagerung eines Protons an das freie Elektronenpaar des Stickstoffs entstehen. Der Stickstoff ist außer im Ammoniak und Aminen auch in allen anderen Verbindungen zur Oniumkomplexbildung befähigt, in welchen das Elektronenpaar ein Proton oder einen anderen elektrophilen Partner anlagern kann.

Die Neigung zur Oniumsalzbildung ist von der Stärke der zugrundeliegenden Base abhängig. Wenn der Oniumkomplex einen angelagerten Rest leicht wieder abgibt, wirkt er als Alkylierungsmittel.

Nach Chwala [1] und anderen Autoren fixieren Kationtenside, d. h. positiv geladene Kolloidmicellen, den Schmutz und verhindern infolgedessen eine Wasch-

116   5. Chemische Zusammensetzung der grenzflächenaktiven Substanzen

wirkung. Da die negative Ladung der Cellulose und Proteinfasern einerseits und die positive Ladung der kationaktiven Kolloidmicellen andererseits sich weitgehend ausgleichen, sind Kationtenside unter normalen Verhältnissen nicht als Waschmittel für die bekannten Textilfasern anzusehen.

Auch Götte [2] hat am Beispiel des Lauryltriäthylammoniumchlorids gezeigt, daß diese kationaktive Verbindung auf künstlich angeschmutzte Baumwolle eine negative Waschwirkung ausübt. Bei der Untersuchung der Änderung der Waschkraft des anionaktiven Natriumcetylsulfates durch Zusatz des kationaktiven Cetylpyridiniumhydrogensulfats zeigt sich, daß zunächst die überschüssige Waschkraft des Cetylsulfats überwiegt. Bei einem Gehalt von 55 % an kationaktiver Substanz flockt eine elektroneutrale Verbindung aus und der Waschwert sinkt auf den des Wassers. Bei weiterem Zusatz der kationaktiven Verbindung zieht sie auf die negativ geladene Faser und verschlechtert den Weißgehalt weiter (Abb. 51).

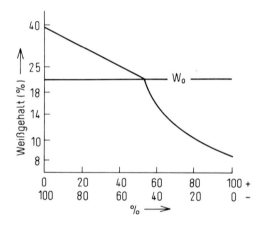

Abb. 51. Beeinflussung der Waschkraft von Natriumcetyl-sulfat (−) durch Cetylpyridiniumhydrogensulfat (+). W_o = Waschkraft von Wasser. pH = 7,5 (nach Götte) [2].

Um befriedigende Waschwirkungen zu erreichen, ist ein verhältnismässig hoher Aufwand an kationaktiven Stoffen erforderlich, so daß die saure Wollwäsche mit Kationtensiden unwirtschaftlich ist.

5.7.3. Literatur

[1]   A. Chwala: Textilhilfsmittel. Springer, Wien 1939, S. 155.
[2]   E. Götte, Kolloid-Z. *64*, 222, 327, 331 (1931); *65*, 236 (1933); Angew. Chem. *47*, 424 (1934); *48*, 52 (1935).

5.8. Ampholyte (Amphotenside)

Neben Tensiden mit ausgeprägt anionischen und kationischem Charakter findet man auch solche, die elektropositive und elektronegative Bausteine im gleichen Molekül vereinigt haben. Diese als Ampholyte oder Amphotenside bezeichneten Verbindungen verhalten sich bei pH = 8 wie Aniontenside, bei pH = 4 dagegen wie kationische Tenside. Im pH-Bereich von 6—8 sind die Ampholyte elektrochemisch ausgeglichen; im isoelektrischen Bereich bei pH = 4 bilden sich innere Salze, wobei der Ampholyt meist schwer- oder unlöslich wird.

Freeman und Anderson[1] haben die Abhängigkeit der Löslichkeit und des Schaumvermögens von pH-Wert und Alkylkettenlänge an den Natriumsalzen der 3-(N-Alkylaminopropionsäure) untersucht (Abb. 52 und 53).

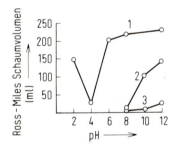

Abb. 52. Schaumvolumina von Ampholyten in Abhängigkeit von pH-Wert und Kettenlänge des Alkylrestes am Beispiel einer 5-proz. Lösung von Natrium-3-(N-alkylamino)propionat. 1: Alkyl = = Dodecyl, 2: Talgalkyl, 3: hydriertes Talgalkyl.

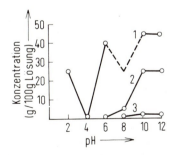

Abb. 53. pH-Abhängigkeit der Löslichkeit von Natrium-3-(N-alkylamino)propionaten bei 20°C.

5. Chemische Zusammensetzung der grenzflächenaktiven Substanzen

Das Gebiet der Ampholyte und Amphotenside ist von Mitarbeitern der Fa. M. Goldschmidt AG intensiv bearbeitet worden. Ihre Produkte wie Tego 103c, 103 S, 103 Z, 51 dienen als Netz-, Schaum- und Emulgiermittel. Als Produkte mit deutlichem Ampholyt- oder Betain-Charakter wurden u. a. acylierte Aminophosphorsäureverbindungen hergestellt [2];

$$R-CO-NH-C_2H_4-O-P\underset{O}{\overset{O^\ominus}{\underset{|}{=}}}O \quad\quad R-CO-NH-C_2H_4-\overset{\oplus}{N}H_2-C_2H_4-O\underset{R-CO-NH-C_2H_4-\overset{\oplus}{N}H_2-C_2H_4-O}{\overset{}{\diagdown}}P\underset{O}{\overset{O^\ominus}{\diagup}} \quad Cl^\ominus$$

$$\underset{CH_2-CH_2-\overset{\oplus}{N}H_3}{}$$

Sie liegen, vorwiegend mit $R = C_{12}H_{25}$, als Hydrogenchloride vor. Es seien ferner Dodecylaminoäthylaminoessigsäure, Bis(dodecylaminoäthyl)aminoessigsäure

$$C_{12}H_{25}-\overset{\oplus}{N}H_2-C_2H_4-NH-CH_2-COO^\ominus \quad\quad \underset{C_{12}H_{25}-\overset{\oplus}{N}H_2-C_2H_4}{\overset{C_{12}H_{25}-\overset{\oplus}{N}H_2-C_2H_4}{\diagdown}}N-CH_2-COO^\ominus \quad Cl^\ominus$$

sowie die Dodecylaminopropylamino-essigsäure genannt.

Für die bakterizide Wirkung dieser Ampholyttenside sollen Verbindungen, welche den Dodecyl- neben einem Trimethylen-Rest enthalten, optimale Wirkung aufweisen. Zu diesen Produkten gehört auch 2-(3-Lauryloxypropyl)-β-aminobuttersäure

$$C_{12}H_{25}O-CH_2-CH_2-CH_2-\overset{\oplus}{N}H_2-\underset{\underset{CH_3}{|}}{CH}-CH_2-COO^\ominus$$

Die Häufung von Stickstoffatomen im Molekül dieser Ampholyttenside legt eine Verwandtschaft zu gewissen Eiweißstoffen nahe. Die genannten Tenside haben im Gegensatz zu den „Quats", den quaternären Ammoniumhalogeniden, nur eine schwache Tendenz zur Eiweißfällung, sie geben vielmehr mit gelösten Eiweißverbindungen auch bei höherer Konzentration nur eine gleichbleibende Trübung.

Ferner ermöglicht die Kombination dieser Ampholyttenside mit Seifen die Herstellung sehr fester Stücke mit deutlich keimtötender Wirkung.

Die Erniedrigung der Oberflächenspannung durch Ampholyttenside erreicht bei Konzentrationen von 0,1 % optimale Werte; so erniedrigt N,N-Bis(aminoäthyl)-N-dodecyl-glycin-hydrochlorid die Oberflächenspannung von 60 auf 30 dyn/cm bei 20° C.

5.8. Ampholyte (Amphotenside)

Ferner seien noch Tenside der allgemeinen Formel

$$\text{R-CO-NH-CH}_2\text{-CH}_2\text{-CH}_2\overset{\oplus}{\underset{\underset{\text{CH}_3}{|}}{\overset{\overset{\text{CH}_3}{|}}{\text{N}}}}\text{-CH}_2\text{-COO}^{\ominus} \qquad R = C_{12}-C_{14}$$

erwähnt, die u. a. von der Goldschmidt AG unter der Bezeichnung Tegobetain L 7 in den Handel gebracht werden.

Sie haben neben dem lipophilen Alkylrest R drei funktionelle Gruppen: die Säureamidgruppe, deren Hautfreundlichkeit von den Hydroxyalkyl-amiden bekannt ist, die quaternäre Aminogruppe mit ihrer antibakteriellen Wirkung und die Carboxylgruppe als Ursache des Tensid-Charakters. Ihre wässrigen Lösungen benetzen, schäumen, suspendieren, emulgieren und verhindern Kalkseifenbildung sowie elektrische Aufladung.

Das Schaumvermögen von Tegobetain ist zwar etwas geringer als das des bekannten Schaummittels Natriumlaurylpolyglykoläthersulfat, zeigt aber bei Kombination mit Seife, d. h. bei zunehmender Seifenkonzentration und einem gleichbleibenden Gehalt an Tegobetain, nur eine geringe Abnahme der Schaumhöhe, während die der Seifenlösung rapide abnimmt.

Die Abbildungen 54 und 55 verdeutlichen das Schaumvermögen von Tegobetainen mit und ohne Seifen-Belastung.

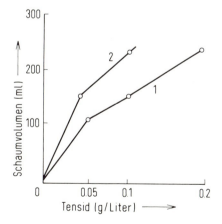

Abb. 54. Schaumvolumina von (1) Tegobetain L 7 ohne Seifen-Belastung. Als Vergleichssubstanz (2) dient Natrium-laurylpolyäthersulfat [2a].

120   5. Chemische Zusammensetzung der grenzflächenaktiven Substanzen

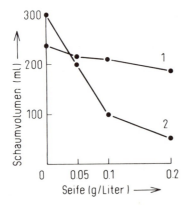

Abb. 55. Schaumvolumina von (1) Tegobetain L 7 (0,2 g/Liter) mit Seifen-Belastung. Als Vergleichssubstanz (2) dient Natrium-laurylpolyäthersulfat [2a].

Auch das Schmutztragevermögen von Waschflotten wird von amphoteren Tensiden vom Typ des Tegobetains günstig beeinflußt, weil sie schon in sehr viel geringeren Konzentrationen als andere handelsübliche Waschmittel wirken (Tabelle 24).

Tabelle 24. Schmutztragevermögen von Tegobetain L 7 und Vergleichssubstanzen [2a], bestimmt nach der Methode von Liesegang [3].

Tensid in 10-proz. wässr. Lösung	ml Lösung
Tegobetain L 7	9–12
Natriumlauroylsarkosid	15–20
Natriumlaurylsulfat	45–50
Natriumlaurylpolyglykoläther-sulfat	50–60

Schließlich sei noch erwähnt, daß sich mit Tegobetain, auch in Verbindung mit höheren Fettalkoholen, Emulsionen herstellen lassen, welche über eine sehr weiten pH-Bereich stabil sind.

Die elektroneutralen Verbindungen bilden sich aus hochmolekularen Oniumverbindungen, z. B. Octadecyltrimethylammoniumchlorid oder Dodecylpyridiniumchlorid, und einem überschüssigen Aniontensid wie Seife, Alkylsulfat oder Alkyl-

5.8. Ampholyte (Amphotenside)

benzolsulfonat. Sie sind leicht aussalzbar und können durch Dialyse gereinigt werden. Andererseits bilden sie im elektrolytfreiem Zustand leicht kolloidale Lösungen mit seifenähnlichem Charakter. Es gibt hier sicherlich Übergänge zwischen den elektroneutralen Verbindungen und den eigentlichen Ampholyten, deren jeweiliger Zustand durch Molekulargröße, Löslichkeit und Ausmaß der elektrolytischen Dissoziation gekennzeichnet ist.

Betain, ein Inhaltsstoff der Melasse, ist der Grundtyp der organischen Ampholyte. Man erhält ihn durch Anlagerung von Monochloressigsäure an Trimethylamin:

$$(H_3C)_3N + ClCH_2\text{-}COOH \longrightarrow (H_3C)_3\overset{\oplus}{N}\text{-}CH_2\text{-}\underset{\underset{OH}{|}}{C}=O \longrightarrow (H_3C)_3\overset{\oplus}{N}\text{-}CH_2\text{-}COO^{\ominus}$$
$$Cl^{\ominus}$$

Das Endprodukt kristallisiert salzsäurefrei mit einem mol Kristallwasser und ist seiner Konstitution nach ein inneres Ammoniumsalz.

Auch durch Umsetzung von höheren Alkylaminen wie Dodecylamin oder Oleylamin mit Chloressigsäure gelangt man zunächst zu mono- und disubstituierten Aminen und durch weitere Umsetzung mit Monochloressigsäure zu Verbindungen vom Betaintyp.

$$R\text{-}CH_2\text{-}NH\text{-}CH_2\text{-}COOH \longrightarrow R\text{-}CH_2\text{-}N\underset{CH_2\text{-}COOH}{\overset{CH_2\text{-}COOH}{\diagup}} \longrightarrow R\text{-}CH_2\text{-}\overset{\oplus}{N}\underset{\underset{\ominus OOC}{CH_2}}{\overset{CH_2\text{-}COOH}{\diagup}}\text{-}CH_2\text{-}COOH$$

Dieses Verfahren [4] soll Produkte liefern, die ein gutes Netz- und Waschvermögen in sauren und alkalischen Flotten haben.

5.8.1. Literatur

[1] A. J. Freeman u. D. L. Anderson, Soap chem. Specialties *35*, Nr. 3, S. 57 (1959).
[2] H. Stahl, DRP 761 844 (1942), Th. Goldschmidt AG; A. Schmitz, DBP 844 450 (1954), Th. Goldschmidt AG.
[2a] Nach einer Firmenschrift der Th. Goldschmidt AG, Essen 1969.
[3] E. M. C. Liesegang, Fette u. Seifen *47*, 458 (1940).
[4] E. Platz u. F. Bücking, US-Pat. 2 206 249 (1941), General Aniline Chem. Co; Chem. Zbl. *41*, I, 306 (1941).

6. Analytik der grenzflächenaktiven Substanzen

Für die Verarbeitung und Kontrolle von grenzflächenaktiven Substanzen und daraus hergestellten Fertigerzeugnissen ist eine Reihe analytischer Prüfungen und Gebrauchswertbestimmungen notwendig. Infolge der besonderen Eigenschaften der grenzflächenaktiven Substanzen mußten für sie teilweise völlig neue Analysemethoden entwickelt werden. Dieses Problem gestaltete sich um so schwieriger, als es sich bei tensidhaltigen Fertigerzeugnissen, z. B. konfektionierten Waschmitteln, meist um Gemische von anionaktiven und nichtionogenen Produkten mit anderen organischen oder anorganischen Salzen handelt, wobei außerdem die anionaktiven und nichtionogenen Produkte aus homologen Verbindungen bestehen. Die Analysenmethoden sind teilweise in DIN-Normen festgelegt. An der Verbesserung vieler wird noch gearbeitet. Sämtliche Prüfmethoden hier aufzuzählen würde zu weit führen; es werden nur die wichtigsten besprochen [1].

6.1. Qualitative Methoden

Die einfachste qualitative Methode zur Bestimmung eines Tensids beruht darauf, daß sich beim Schütteln seiner wässrigen Lösung Schaum bildet. Einschränkend muß hier jedoch bemerkt werden, daß es Stoffe gibt, die in Lösung schäumen (z. B. Eiweiß) und doch keine Tenside sind, und daß andererseits nicht alle Tenside schäumen. Zur Bestimmung der anionaktiven, kationaktiven und nichtionogenen Tenside in Gemischen mit anorganischen Verbindungen extrahiert man die Tenside mit Methanol, Äthanol, Isopropanol oder auch chlorierten Kohlenwasserstoffen. Nach Eindampfen des Lösungsmittels bleiben die grenzflächenaktiven Substanzen zurück, die man dann auf anionaktiven, kationaktiven und nichtionogenen Charakter untersucht.

6.1.1. Aniontenside

Das Prinzip der Bestimmung ionogener Waschaktivsubstanzen besteht darin, daß man elektroneutrale Verbindungen herstellt, die in Wasser unlöslich sind und ausfallen.

Bei der Prüfung auf anionaktive Stoffe wird eine stark verdünnte Lösung des Alkoholextraktes (ca. 1 %) hergestellt und tropfenweise mit einer verdünnten Aluminiumacetatlösung versetzt. Bei Gegenwart anionaktiver Verbindungen fällt ein Niederschlag aus.

Eine Methode zur Bestimmung anionaktiver, grenzflächenaktiver Produkte, die auch auf Spuren noch anspricht, ist die Methylenblau-Methode. Man unterschichtet dazu die zu prüfende wäßrige Lösung des Tensids mit Chloroform, gibt eine Lösung von Methylenblau-hydrochlorid in Wasser zu und schüttelt. Befinden sich in der Lösung anionaktive Produkte, so färbt sich das Chloroform blau. Das Methylenblau-Kation wird dabei gegen das Kation des Tensids ausgetauscht; mit dem Tensidanion wird ein blauer Farbstoff erzeugt, der in Wasser unlöslich, aber in Chloroform löslich ist.

6.1.2. Kationtenside

Als Reagens auf kationaktive Stoffe verwendet man anionaktive Produkte, z. B. Alkylbenzolsulfonat, Mersolat, auch Kaliumhexacyanoferrat(II) und -(III) oder Natriumpentacyanonitrosylferrat(II) (Nitroprussidnatrium). Man verfährt genau wie bei der Bestimmung anionaktiver Produkte mit Aluminiumacetat. Es entsteht ein Niederschlag, der die Anwesenheit kationaktiver Produkte anzeigt, aber im Überschuß einer der beiden Komponenten wieder löslich ist.

6.1.3. Nichtionogene Tenside

Als Reagens verwendet man eine Lösung von Ammoniumrhodanid und Kobaltnitrat in Wasser. Man arbeitet in einer stark verdünnten Lösung des Tensids. Bei Anwesenheit nichtionogener Verbindungen erhält man einen himmelblauen Niederschlag, der im Überschuß nicht löslich ist. Liegt nur Polyglykol vor, so entsteht eine rosa Lösung.
Ein weiterer qualitativer Nachweis auf nichtionogene Substanz besteht darin, daß die Lösungen dieser Produkte beim Erhitzen meist trüb werden.
Liegen jedoch nichtionogene und anionaktive Verbindungen nebeneinander vor, so kann die Trübung ausbleiben.

6.1.4. Analysentrennungsgang der Tenside

Ein umfassendes Analysenschema entwickelte van der Hoeve [2], das dann von Wurtzschmitt [3] erweitert wurde. Heute arbeitet man vor allem nach der von Rosen u. Goldschmith [4] ausgearbeiteten Analysenmethode. Gemische von Tensiden verschiedener Typen müssen vorher durch physikalische oder chemische Methoden getrennt werden. Sie werden hierbei zunächst in Hauptgruppen je nach Art der vorhandenen Heteroelemente eingeteilt. Im weiteren prüft man durch die üblichen chemischen Reaktionen auf funktionelle Gruppen, wie sie speziell für Tenside in Tabelle 25 dargestellt sind.

Tabelle 25. Reaktionen auf funktionelle Gruppen [4].

Nachzuweisende Gruppe	Reaktionen
Arylsulfonate	Ätzkalischmelze, Kupplung des entstandenen Phenols mit diazotiertem Dianisidin
Alkylsulfate	Umesterung mit Eisessig/Phosphorsäure und anschließende Hydroxamsäurereaktion Hydrolyse mit HCl, Nachweis von ROH und $SO_4^{2\ominus}$
Carboxylate (Seifen)	katalytische Veresterung und anschließende Hydroxamsäurereaktion
Glyceride	Pyrolyse mit H_3PO_4; Acrolein-Oxidation mit H_2O_2 zu Malondialdehyd, Nachweis mit Phloroglucin
Phenole	$FeCl_3$-Reaktion
Unpolar substituierte, aromatische Ringe, Aryläther u. a.	Formaldehyd-Schwefelsäurereaktion
Äthylenoxid-Addukte	Pyrolyse mit H_3PO_4 (Bildung von Acetaldehyd)
Propylenoxid-Addukte	Pyrolyse mit H_3PO_4 (Bildung von Propionaldehyd)
Naphthensäure	Bildung petrolätherlöslicher Kupfer(II)-naphthenate
β-Hydroxyamine und Polypeptide	Biuretreaktion mit 5 proz, Kupfersulfat und 45-proz. KOH
tert. Alkindiole	Rotorange-Färbung mit 85-proz. Phosphorsäure
Aldehyde, Glucose, Glucoside	Fehlingsche Reaktion
Aminoxide	Spaltung in Olefin und Dialkylhydroxylamin, Nachweis des letzteren mit Fehlingscher Lösung

(Fortsetzung Seite 126)

6. Analytik der grenzflächenaktiven Substanzen

Tabelle 25 (Fortsetzung)

Nachzuweisende Gruppe	Reaktionen
Amide (außer Addukten mit mehr als 15 mol Äthylenoxid)	modifizierte Hydroxamsäurereaktion (Bildung eines chloroformlöslichen Eisen(II)-hydroxamats)
N-(β-Hydroxyäthyl)amine außer Äthanolamin selbst	Spaltung mit Natriumchloracetat in Tetraäthylenglykol
Quartäre Ammoniumverbindungen	Bildung chloroformlöslicher Permanganate
Tetraalkylammoniumsalze mit mehr als 25 C-Atomen	Bildung benzollöslicher Phenolphthaleinsalze
Tetraalkylammoniumsalze mit weniger als 26 C-Atomen, quartäre Pyridinium-, Chinolinium- oder Isochinoliniumsalze	Prüfung der Löslichkeit und Beständigkeit in 5-proz. und 20-proz. KOH
Olefinische Doppelbindungen	Oxidation mit 1-proz. wässriger $KMnO_4$ oder mit 1-proz. Brom in Eisessig

Zur weiteren Identifizierung der Tenside werden bestimmt: Säurezahl, Jodzahl, Verseifungszahl, Spaltung in hydrophoben und hydrophilen Anteil, Molekulargewicht, Trübungspunkt bei den Lösungen der Äthylenoxid-Addukte, Äquivalentgewicht, Hydrolyse bei Amiden, OH-Zahl, UV-Absorption, IR-Spektren, Gaschromatographie und Verteilungschromatographie, und je nach Anforderung Massenspektroskopie und Kernresonanzspektroskopie. Da die von van der Hoeve [2] und Wurzschmitt [3] ausgearbeiteten Trennungsgänge nicht voll befriedigten, entwickelten Kortland und Ammers [5] ein Analysenschema, das zum Teil auch schon die quantitativen Bestimmungen der Komponenten ermöglicht. Man teilt wie van der Hoeve dabei in anionaktive, kationaktive und nichtionogene Tenside ein; die amphoteren Produkte werden als anion/kationaktive bezeichnet. Der Trennungsgang versagt, wenn neben ionogenen auch nichtionogene Tenside vorhanden sind. Ist die Zahl der zu untersuchenden Einzelkomponenten in einem Waschmittel sehr gering, so kann man auch den etwas vereinfachten qualitativen Trennungsgang von Weeks und Lewis [6] verwenden. Bei dieser Methode identifiziert man die Komponenten hauptsächlich IR- und UV-spektroskopisch und verwendet dabei das Verfahren von House und Darragh [7].

6.2. Quantitative Methoden

Die quantiativen Analysenmethoden lassen sich in chemische und physikalische Methoden unterteilen. Die chemischen Untersuchungsmethoden schließen hierbei an die unter den qualitativen Analysenmethoden schon beschriebenen Analysengänge an.

6.2.1. Chemische Methoden

Aniontenside: Die Analyse von fettsauren Salzen, also von Seife, soll hier nur gestreift werden (siehe dazu [8]). Bei der Bestimmung synthetischer Aniontenside trennt man gewöhnlich die Seife vorher ab. Dabei setzt man die Seife meist in die freie Fettsäure um und extrahiert sie mit Petroläther oder einer Äther/Pentan-Mischung.

Abtrennung als Salz organischer Basen. Salze von Sulfonsäuren und anderen starken organischen Tensidsäuren mit organischen Basen sind nahezu stöchiometrisch zusammengesetzt und sehr schwer wasserlöslich. Sie lösen sich aber leicht in Chlorkohlenwasserstoffen wie Chloroform oder Tetrachlorkohlenstoff. Auf diese Weise lassen sich anionaktive Produkte abtrennen und quantitativ bestimmen. Die bekannteste Methode stammt von Marron und Schifferli [9]; Wickbold [10] variierte sie. Man verwendet als organische Base p-Toluidin-hydrochlorid. Das in Wasser gelöste Aniontensid wird in einem Scheidetrichter mit Äther versetzt; anschließend wird die salzsaure Toluidlösung zugegeben. Man schüttelt gut durch, trennt die Ätherphase nach dem Absitzen ab, wäscht die wässrige Lösung nochmals mit Äther nach und nimmt alle Ätherlösungen in neutral gestelltem Alkohol auf. Die vorliegende Lösung wird nun mit 0,1 N NaOH und Kresolrot als Indikator bis zur rotblau-Färbung titriert. Es ist wichtig, daß alkalische Proben vor der Fällung mit p-Toluidin-hydrochlorid angesäuert werden. Anstelle von p-Toluidin-hydrochlorid kann man auch Benzidin-hydrochlorid verwenden. Als Extraktionsmittel dient in diesem Fall n-Pentan oder Petroläther.

Bei der Titration nach Epton [11] benutzt man als Titriermittel ein Kationtensid, vornehmlich Cetyltrimethylammoniumbromid. Als Indikator dient Methylenblauhydrochlorid. Man legt das Tensid in einem Wasser/Chloroform-Gemisch vor. Das entstehende Methylenblausalz der Tensidsäure geht in das Chloroform und färbt es dunkelblau, während die wässrige Phase farblos wird. Bei der Titration wird das Methylenblau-Kation durch das Cetyltrimethylammoniumbromid verdrängt und geht immer mehr in die wässrige Phase über. Als Endpunkt der Titration gilt die Farbgleichheit der beiden Phasen.

Auch die photometrische Trübungstitration [12] eines Aniontensids beruht auf der Fällung mit einer organischen Base oder einem Kationtensid. Hierzu verwendet man eine Cetylpyridiniumchlorid-Maßlösung. Kurz vor dem Äquivalentpunkt tritt eine schnell zunehmende Trübung auf, die im Äquivalentpunkt ihr Maximum erreicht. Titriert man weiter, so löst sich durch den Überschuß des Kationtensids der Niederschlag wieder auf. Diese Bestimmung kann man als Schnellmethode verwenden. Sie ist allerdings nur auf Alkylarylsulfonate beschränkt. Andere Aniontenside geben unter den Bedingungen keine auswertbarenTrübungen.

Auskochmethode. Die Probe wird dabei mit Äthanol oder Methanol ausgekocht. filtriert und noch zweimal mit Alkohol behandelt. Dann neutralisiert man eventuell vorhandenes Alkali mit Schwefelsäure, dampft ein und extrahiert nochmals mit Alkohol. Der Alkohol wird verdampft und der Rückstand im Vakuum getrocknet. Er enthält alle waschaktiven Substanzen, aber auch andere Produkte wie Neutralöle und Spuren von Fettsäure.

Fällung der Sulfate und Sulfonate mit Bariumchlorid. Nach Jenkins und Kellenbach [13] kann man Sulfate und Sulfonate in der alkoholischen Lösung bei 40–50° C mit Bariumchlorid fällen. Fettsäuren werden zuvor mit Petroläther extrahiert. Die wasserunlöslichen Bariumsalze werden getrocknet, nochmals mit Pentan- oder Petroläther digeriert, um Spuren von Fettsäuren und Neutralöl zu entfernen, und dann bei 80° C getrocknet. Durch Veraschen der Bariumsalze lassen sich quantitativ die Sulfonate und Sulfate bestimmen. Andererseits eignen sich auch die IR-Spektren der Bariumsalze gut zur Identifizierung der Tenside.

Butanol-HCl-Methode. Zur Bestimmung der waschaktiven Substanz eines Waschmittelgemisches durch Extraktion versetzt man die wässrige Lösung des Produktes mit Salzsäure und schüttelt 2- bis 3-mal mit n-Butanol aus. Die Butanolfraktionen werden vereinigt, mit Salzsäure gewaschen, eingedampft und mit Natronlauge neutralisiert. Die Probe wird dann im Trockenschrank getrocknet, ausgewogen, in Wasser gelöst und das Kochsalz nach Moor titriert. Nach Abzug des NaCl erhält man die gesamte waschaktive Substanz.

Methylenblau-Methode. Schließlich sei noch die Methode von Longwell-Maniece [14] zur Bestimmung von Aniontensiden in Wasser und Abwässern genannt. Das zu untersuchende Wasser wird dazu mit alkalischer Methylenblaulösung und Chloroform ausgeschüttelt. Anschließend versetzt man die Chloroformphase, die auch Zersetzungsprodukte des Methylenblaus enthalten kann, mit einer wässrigen sauren Methylenblaulösung, wodurch eine stöchiometrische Salzbildung der Aniontenside mit reinem Methylenblau in der $CHCl_3$-Phase bewirkt wird. Danach bestimmt man durch Messung der Extinktion der Chloroformphase bei 547 nm die Konzentration des Aniontensids.

Kationtenside. Genau wie bei der unter den Aniontensiden beschriebenen Methode nach Epton und bei der photometrischen Trübungstitration kann man kationaktive Tenside mit anionaktiven Produkten titrieren. Man gibt z. B. zu der ein Kationtensid enthaltenden wässrigen Lösung einen Boratpuffer, setzt Tintenblau 6 B zu und tritriert mit einer 0,1 M Alkylbenzolsulfonsäurelösung [15]. Die Lösung wird zunehmend trüber, das Blau verfärbt sich nach Grünblau, und der Endpunkt der Titration ist erreicht, wenn blaue Flocken oder Tröpfchen aufrahmen oder sich als Fällung abscheiden.

Bei der Bestimmung von Kationtensiden stören in den meisten Fällen Äthylenoxid-Addukte. Diese müssen zuvor abgetrennt werden oder man bestimmt beide Gruppen zusammen und ermittelt hinterher die Äthylenoxid-Addukte durch Ionenaustausch. Die Kationtenside ergeben sich dann aus der Differenz.

Quartäre Verbindungen bilden nach Wilson [16] mit Reinecke-Salz $NH_4^\oplus$ $[Cr(NH_3)_2(SCN)_4]^\ominus$ fast stöchiometrisch zusammengesetzte Salze. Das ausgefällte Tensidsalz wird mit Aceton und Äthanol gereinigt und lufttrocken ausgewogen.

Quartäre Ammoniumverbindungen lassen sich auch mit Dodekawolframatophosphorsäure ($H_3[P(W_3O_{10})_4]$ aq.) bestimmen [3, 17, 18].

Das Dodekawolframatophosphat wird im Vakuum getrocknet und als solches oder nach Verglühen ausgewogen. Die verbleibende Dodekawolframatophosphorsäure soll sich nach Lincoln und Chinnick [17] gut für eine gravimetrische Bestimmung eignen.

Nichtionogene Tenside. Bei den nichtionogenen Verbindungen handelt es sich fast ausschließlich um Äthylenoxid-Addukte. Die in neuerer Zeit propagierten Zuckerester werden nur in geringem Maße eingesetzt. Sie lassen sich durch die Fehlingsche Reaktion nachweisen.

Die Äthylenoxid-Addukte reagieren in Mineralsäurelösung wie Polyoxonium-Kationen. Sie können daher mit den Anionen vieler Heteropolysäuren schwer lösliche Salze bilden.

Solche Heteropolysäuren sind z. B. Dodekawolframatokieselsäure, Dodekamolybdatophosphorsäure und Dodekawolframatophosphorsäure. Die salzsaure wässrige Lösung des Äthylenoxid-Adduktes wird dazu mit Bariumchlorid versetzt und in der Hitze mit einer 1-proz. wässrigen Lösung der Heteropolysäure gefällt.

Nach Neu [19] kann man Äthylenoxid-Addukte auch mit Natriumtetraphenylborat in Gegenwart von Bariumionen fällen. Nach der von Seher [20] ausgearbeiteten Methode kocht man eine Probe des Äthylenoxid-Adduktes in Wasser, das man mit Essigsäure und Bariumchloridlösung versetzt hat, ca. 15 min. Nach dem Abkühlen gibt man das Natriumtetraphenylborat tropfenweise zu und filtriert den Niederschlag nach 8—15 Std. ab. Man wäscht, trocknet und wägt ihn.

Eine in neuerer Zeit von Wickbold [21] ausgearbeitete Methode zur Bestimmung nichtionogener Substanzen beruht auf der Fällung der Tenside mit Dragendorffs Reagens (KBi J_4) und Bariumchlorid. Die Methode geht auf Bürger [22] zurück, der den Niederschlag sedimetrisch bestimmt. Im Gegensatz dazu wird er nach Wickbold wieder aufgelöst; anschließend wird Wismut spektrophotometrisch bestimmt. Vor der Bestimmung müssen die nichtionogenen Tenside mit Butanol extrahiert werden, um störende Substanzen und Polyglykole zu entfernen. Polyglykole liegen in fast allen nichtionogenen Tensiden in Mengen von 1—8 %, je nach Länge der Äthylenoxid-Kette des Tensids als Nebenprodukte vor. Die Abtrennung des Polyglykols vom Äthylenoxid-Addukt erreicht man nach Bürger durch Verteilen zwischen Methyläthylketon und wäßriger Natriumhydrogencarbonatlösung. Das Äthylenoxid-Addukt findet man dann in der organischen Phase, das Polyglykol in der wäßrigen.

Die Trennung nach Wickbold läßt sich bis zu einem Gehalt von 25 mol Äthylenoxid pro mol Ausgangsprodukt durchführen.

Weitere Fällungsmittel für nichtionogene Tenside sind Kaliumtetrajodomercurat (III), Kaliumhexacyanoferrat(II) und Kaliumtetrathiocyanatocobaltat(II). Alle diese Produkte geben Niederschläge, deren Zusammensetzung im einzelnen noch nicht bekannt ist. Dies ist die Hauptschwierigkeit beim Einbeziehen der nichtionogenen Tenside in das Gesetz zur biologischen Abbaubarkeit oberflächenaktiver Substanzen. Man sucht nach einer Methode, die genauso einfach ist wie die Methode von Longwell und Maniece [14] zur Bestimmung der Aniontenside. Man scheiterte bisher entweder daran, daß die Methoden zu umständlich sind oder einwandfreie Fällungen nur in destilliertem Wasser gebildet werden, d. h., daß die Methode also nicht zur Bestimmung von nichtionogenen Substanzen in Abwässern zu verwenden ist.

Die Länge der Äthylenoxid-Kette kann durch Spaltung mit Jodwasserstoff bestimmt werden. Dabei verläuft folgende Reaktion:

$$-CH_2-CH_2-O- + 2\ HJ \longrightarrow [J-CH_2-CH_2-J + H_2O] \longrightarrow$$

$$\longrightarrow CH_2=CH_2 + H_2O + J_2$$

Pro Äthylenoxid-Einheit wird also ein mol Jod frei, das man mit Thiosulfat titriert.

6.2.2. Physikalische Methoden

Hat man ein Waschmittel oder Spülmittel in die ionogenen und nichtionogenen Gruppen getrennt, so interessiert meist noch, aus welchen Einzelindividuen die Produkte bestehen. Hierzu sind spezielle Analysenmethoden notwendig. Man muß z. B. Sulfonate desulfonieren und Äthylenoxid-Addukte spalten, um den hydrophoben Rest und die funktionelle Gruppe bestimmen zu können. Zur Identifizierung des hydrophoben Restes bedient man sich meist physikalischer Methoden, z. B. der UV- und IR-Absorption sowie des Röntgenbeugungsspektrums [23].

Durch *UV-Absorption* erkennt man in den Tensiden vor allem aromatische Gruppen und Gruppen mit konjugierten olefinischen Doppelbindungen. Aufgrund des Extinktionskoeffizienten der Banden kann auch eine quantitative Bestimmung durchgeführt werden. Die Banden liegen meist zwischen 220 und 250 nm [24, 25]. Durch *IR-Spektroskopie* lassen sich meist die funktionellen Gruppen sehr leicht nachweisen; so zeigt die Sulfonatgruppe z. B. bei $1220-1160$ cm^{-1} ($8,2 - 8,6$ μm) eine charakteristische breite Bande. Eine etwas schmalere Bande liegt bei 1050 cm^{-1} ($9,5$ μm). Aber auch andere funktionelle Gruppen zeigen mehr oder weniger gut ausgeprägte Banden.

Die IR-Spektroskopie läßt sich nicht nur für die Bestimmung der funktionellen Gruppen verwenden, sondern auch zur Identifizierung des hydrophoben Teils. Es hat sich nämlich gezeigt, daß sich Tenside mit 93-proz. Phosphorsäure bei ca. 215° C gut spalten lassen [26]. Aus Alkylarylsulfonaten, aus geradkettigen Alkylsulfaten, aus Fettsäureestern und Fettsäureamiden erhält man die Kohlenwasserstoffe. Aus den Fettalkohol- oder -thiol-Äthylenoxid-Addukten werden die Olefine gebildet, und aus Alkylphenol-Äthylenoxid-Addukten entsteht eine Mischung aus Olefinen, Alkoholen und konjugierten Olefinen. Der Benzolring wird dabei gespalten. Man trennt die Spaltprodukte gaschromatographisch und bestimmt sie IR-spektroskopisch [27].

Voraussetzung für die *Röntgenbeugungsmethode* sind reine Stoffe. Gemische lassen sich damit nicht identifizieren. Das Röntgenbeugungsdiagramm zeigt das Bild der Kristallstruktur.

Da chemische Struktur und Kristallstruktur in engem Zusammenhang stehen und chemisch verschiedene organische Stoffe selten isomorphe Kristallstrukturen zeigen, ist die Röntgenbeugung zur Bestimmung der reinen Tenside gut geeignet [28].

Die *Massenspektroskopie* dient in erster Linie dazu, geradkettige und verzweigtkettige Alkylarylsulfonate zu unterscheiden und in ihrer Menge quantitativ zu bestimmen. Auch die Kettenlängen-Verteilung läßt sich massenspektrographisch ermitteln, jedoch verwendet man hierfür meist die Gaschromatographie.

Die *Kernresonanzspektroskopie* kann ebenfalls zur Bestimmung von Tensiden herangezogen werden. Man verwendet sie z. B. zur Identifizierung von Polypropylenglykol-Addukten. Die übrigen zur Analytik der Tenside angewendeten physikalischen Untersuchungsmethoden bedürfen keiner näheren Erläuterung [29, 30].

6.3. Spezielle Trennmethoden für Gemische

6.3.1. Adsorptionschromatographie

Die Adsorptionschromatographie wurde schon verhältnismäßig früh zur Identifizierung von Tensiden angewendet. Als Adsorptionsmittel dienten meist Holzkohle, Tierkohle, Ionenaustauscher, Harze o. ä. Es wurden zunächst meist Seifen oder Sulfate aus Emulsionen und Mineralölen u. a. getrennt. In neuerer Zeit trennt man Alkylbenzolsulfonate durch Adsorptionschromatographie an aktiver Holzkohle [31]. Auch zur Bestimmung von Alkylbenzolsulfonaten in Wasser und Abwasser wird die Adsorptionschromatographie an Aktivkohle empfohlen [32].

6.3.2. Verteilungschromatographie

Die Verteilungschromatogrpahie wird heute zur Trennung von Tensiden im großem Maßstabe benutzt. Man verwendet die Säulenchromatographie und Flüssig/Flüssig-Verteilung, die Papierchromatographie, die Dünnschichtchromatographie und die Gaschromatographie. In vielen Fällen werden diese Methoden kombiniert eingesetzt.

Die *Flüssig/Flüssig-Verteilung* wird meist angewendet, wenn man Polyglykole aus Mischungen mit Äthylenoxid-Addukten trennen will. Die Äthylenoxid-Addukte werden dabei in einem Scheidetrichter mit gesättigter Kochsalzlösung bei 95° C ausgeschüttelt. Die Polyglykole gehen dabei in die Kochsalzlösung [33]. Man kann die Äthylenoxid-Addukte aber auch in Äthylacetat lösen und mit 5 N Kochsalzlösung ausschütteln [34]. Die Polyglykole gehen dabei immer in die wässrige Phase. Über mit hydrophobierter Kieselgur gefüllter Säule lassen sich die Äthylenoxid-Addukte noch bedeutend sauberer von den Polyglykolen trennen [35]. Die mobile Phase besteht dabei aus Aceton/Wasser, das 10 % Essigsäure enthält. Die stationäre Phase ist Chlorbenzol. Die Polyglykole wandern unter diesen Bedingungen schneller als die Äthylenoxid-Addukte. Das Eluat wird mit Bariumchlorid/Dodekamolybdatophosphorsäure geprüft.

Bürger [36] beschreibt eine Methode, wie man durch verbesserte *Säulenchromatographie* („Kaskadenchromatographie") Äthylenoxid-Addukte grob in die einzelnen Bestandteile trennen kann. Die stationäre Phase ist dabei Wasser auf Kieselgel, die mobile Phase ist n-Butanol. Auf diese Weise lassen sich auch Amin-Äthylenoxid-Addukte trennen [37].

Die *Papierchromatographie* der nichtionogenen Tenside wurde von Gallo [38] näher bearbeitet. Er verwendete n-Butanol/Wasser/Essigsäure-Gemische als mobile Phase und trennte aufsteigend an Whatman-Papier Nr. 1. Das Papierchromatogramm wurde mit angesäuertem Dragendorff-Reagens ($KBiJ_4$) entwickelt, das orangefarbene Flecken erzeugt.

Franks [39] chromatographierte Anion- und Kationtenside auf Papier. Ebenfalls mit der Bestimmung von anionaktiven Tensiden, speziell mit sek. Alkylsulfaten, befaßte sich Sewell [40]; ähnliche Probleme bearbeiteten Holness und Stone [41]. Blandin und Desalme [42] trennten Aniontenside durch die aufsteigende Methode, indem den Lösungen vorher Farbstoffmischungen zugesetzt wurden, so daß hinterher auf dem Chromatogramm farbige Flecken auftraten. Fumasoni [43] trennte C_8- bis C_{18}-Alkylpyridiniumsalze durch elektrochromatographische Methoden. Weitere papierchromatographische Arbeiten führten Tajiri [44] sowie Najayama und Isa [45] durch.

Dünnschichtchromatographie. Zur Bestimmung der Kettenlängenverteilung von Fettalkohol-Äthylenoxid-Addukten hat Wickbold [46] ein Trennungsschema entwickelt, bei dem man zunächst auf einer Silicagelsäule fraktioniert trennt, die Fraktionen auswiegt und sie zur Identifizierung über ein Dünnschichtchromatogramm laufen läßt, wobei mit Draggendorff-Reagens angefärbt wird. Mutter et al. [47] verwenden die Dünnschichtchromatographie zur qualitativen Analyse von Hydroxyalkyl-fettsäureamiden und deren Polyglykoläthern. Die Nonylphenol-Äthylenoxid-Addukte wurden dünnschichtchromatographisch von Hayano et al. untersucht [48].

Gaschromatographie. Wegen ihres hohen Siedepunktes lassen sich meist die oberflächenaktiven Substanzen nicht direkt gaschromatographisch trennen. So kann man z. B. von den Laurylalkohol-Äthylenoxid-Addukten nur den Mono-, Di- und Triäther trennen. Die weiteren Polyäther zersetzen sich. Die Gaschromatographie läßt sich aber gut dazu verwenden, den hydrophoben Rest eines oberflächenaktiven Stoffes zu identifizieren. So kann man z. B. bei Alkylbenzolsulfonaten das Alkylbenzol im Gaschromatogramm in die einzelnen Individuen mit verschieden langer Alkylkette trennen. Die prozentualen Anteile der einzelnen Stoffe lassen dann ohne weiteres auf die Art des zur Herstellung der Sulfonate verwendeten Alkylbenzols schließen. Die Methode über die Phosphorsäurespaltung bei 215° C wurde schon erwähnt [26]. Zur Bestimmung von Fettsäuren verestert man diese mit Bortrichlorid und Methanol [49] zu den Methylestern oder setzt zu den Trimethylsilyläthern um, die sich dann gaschromatographisch leicht trennen lassen. Diese Methode verwendet man z. B.zur Bestimmung von Seifen.

6.3.3. Ionenaustausch

Es wurde schon erwähnt, daß man Aniontenside mit kationaktiven Stoffen und umgekehrt Kationtenside mit anionaktiven Stoffen fällen kann. Das gleiche gilt für die Ionenaustauscher. Hier verwendet man Austauscherharze, die zum Trennen eines Aniontensids die entgegengesetzt geladene Gruppe im Polymeren-Gerüst tragen (Abb. 56).

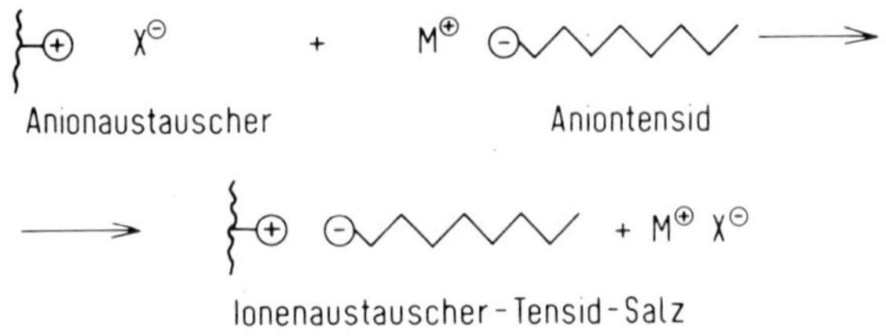

$$\{\!\!-\!\!\oplus\ X^\ominus\quad +\quad M^\oplus\ \ominus\!\!\sim\!\!\sim\!\!\sim \longrightarrow$$

Anionaustauscher   Aniontensid

$$\longrightarrow\ \{\!\!-\!\!\oplus\ \ominus\!\!\sim\!\!\sim\!\!\sim\ +\ M^\oplus\ X^\ominus$$

Ionenaustauscher–Tensid–Salz

Abb. 56. Schema des Ionenaustausches nach Hummel [23].

Bei Kationenaustauschern, also Produkten, die mit Kationtensiden Verbindungen eingehen, ist es umgekehrt. – Man gibt das zu trennende Tensid auf eine mit Austauscherharz gefüllte Säule, läßt durchlaufen und wäscht anschließend das abgetrennte, auf der Säule zurückgebliebene Tensid mit alkoholischer Salzsäure oder alkoholischer Lauge heraus.

Anionenaustauscherharze sind entweder Melaminharze, Polystyrol, das quartäre Ammoniumgruppen enthält, oder Poly-(p-aminostyrol). Als Kationenaustauscherharze verwendet man sulfoniertes Polystyrol und Copolymere der Acrylsäure. Es gibt schwache und starke Austauscherharze, wobei starke Austauscher sowohl schwache als auch starke Säuren oder Basen festhalten, während schwache Ionenaustauscher nur die Ionen starker Elektrolyte zurückhalten, d. h., man kann damit nochmals in starke und schwache Elektrolyte trennen. Eine gewisse Selektivität erhält man auch durch Verwendung stärker oder schwächer vernetzter Austauscher, da voluminöse Ionen an hochvernetzten Austauschern nicht so leicht festgehalten werden und umgekehrt. Manchmal werden auch Kombinationen von Austauschern („Mischbettaustauscher") verwendet, wenn alle ionogenen Stoffe entfernt werden sollen.

Beim Ionenaustausch waschaktiver Substanzen ist darauf zu achten, daß sie nicht als Micellen vorliegen, da diese nicht oder nur unvollständig umgesetzt werden. Nach Wickbold arbeitet man daher in vorwiegend methanolischer Lösung, in der

6.3. Spezielle Trennmethoden für Gemische

keine Micellen existieren. Unter gleichzeitiger Verwendung von großporigen Austauschern wird ein vollständiger Austausch gewährleistet.

Als Anionenaustauscher ist z. B. das großporige Dowex 21 K gut geeignet. Als Kationenaustauscher kommen alle stark sauren Typen in Frage, z. B. Lewatit S 100, Permutit RS, Austauscher Merck I und Dowex 50. Als Beispiel gibt Wickbold [50] die Trennung anionaktiver und nichtionogener waschaktiver Substanz an. Es werden dabei zwei Säulen hintereinander geschaltet (Abb. 57).

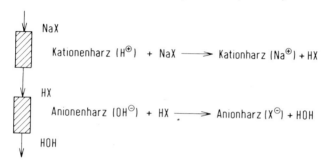

Abb. 57. Ionenaustausch nach dem Zwei-Säulen-Verfahren von Wickbold.

Die Kationensäule wird zunächst mit Salzsäure regeneriert und mit Methanol nachgewaschen. Die Anionensäule wird mit verdünnter Natronlauge behandelt und ebenfalls mit Methanol nachgespült. Nun gibt man das Waschrohstoffgemisch auf die Kationsäule auf, wobei Natriumionen oder Nitrilotriäthanol zurückgehalten werden und die freien Säuren sowie die nichtionogenen Verbindungen durchlaufen. Auf der Anionensäule werden die freien Säuren sämtlich festgehalten und im Eluat bleiben nur noch die nichtionogenen Verbindungen. Die nichtionogene waschaktive Substanz kann durch Eindampfen gewonnen werden. Die freien Säuren werden durch 15-proz. methanolische Salzsäure eluiert. Beim Behandeln mit starker Salzsäure werden Sulfate oder andere sauer verseifbare Substanzen teilweise oder ganz gespalten, während die Alkansulfonate und Alkylbenzolsulfonate unverändert bleiben. Die Spaltprodukte lassen sich dann leicht von den freien Säuren abtrennen und können einzeln bestimmt werden. Der Kationaustauscher wird mit 10 proz. wässriger Salzsäure eluiert und ist dann wieder gebrauchsfähig. Den Anionaustauscher muß man nach dem Eluieren mit Salzsäure mit 5-proz. Natronlauge regenerieren.

Es kann aber auch anstelle des Zwei-Säulen-Verfahrens das Mischbettverfahren verwendet werden, weil hier sowieso das gleiche Lösungsmittel und Eluiermittel verwendet wird. Anionaktive waschaktive Substanz und Seife werden im allgemeinen, wie oben beschrieben, durch Ansäuern mit Salzsäure und Ausäthern der ausgefallenen Fettsäure mit Petroläther getrennt. Ist die anionaktive waschaktive Substanz aber mit Salzsäure leicht spaltbar, so verwendet man zweckmäßig die Ionenaustauschermethode. Man benutzt dazu eine Anionensäule in der Chloridform, auf der nur z. B. Sulfate gebunden werden, während Natriumsalze der Fettsäuren durchlaufen.

Sind im Gemisch mit Seife noch nichtionogene Substanzen enthalten, so laufen diese auf einer Anionensäule ebenfalls durch. Das Gemisch muß daher nochmals über einen Anionenaustauscher gegeben werden. Da man dem Anionenaustauscher aber nicht das Natriumsalz der Fettsäure, sondern die freie Fettsäure selbst anbieten muß, schaltet man vor diese Anordnung noch einen Kationenaustauscher, verwendet also das oben beschriebene Zwei-Säulen-Verfahren.

Im Ablauf der zweiten Säule erhält man dann die nichtionogenen Tenside. Die Fettsäure wird hier ebenfalls mit methanolischer Salzsäure eluiert. Es ist aber zu beachten, daß gewisse Anteile der Fettsäure zu Methylester umgesetzt werden können.

Eine Übersicht über die bisher bekannten Ionenaustauschmethoden gibt Bey [51]. Die Analyse von Alkansulfonat durch Ionenaustausch beschreibt Mutter [52].

6.4. Gebrauchswertbestimmungen

Die Gebrauchswertprüfungen eines grenzflächenaktiven Stoffes sollen einerseits aussagen, ob sich das Produkt für den geforderten Zweck eignet, andererseits den Hersteller darüber orientieren, ob seine Produkte immer von konstanter Beschaffenheit sind und weiterhin dem Weiterverarbeiter von grenzflächenaktiven Substanzen die Sicherheit geben, daß er immer gleiche Produkte erhält. Zur Gebrauchswertprüfung zählt man u. a. die Farbmessung, die Prüfung auf Hartwasserbeständigkeit, die Prüfung auf Stabilität gegenüber Metallsalzen und auf chemische Beständigkeit, den Trübungspunkt bei Äthylenoxid-Addukten, den Klarschmelzpunkt, die Viskosität und die Plastizität, die Gelierungstemperatur, das Lagerungsverhalten von Pulvern, Flüssigkeiten und Pasten, das Netz-, Wasch- und Reinigungsvermögen sowie das Schaumvermögen.

6.4.1. Farbmessungen

Grenzflächenaktive Substanzen sollen hellfarbig sein. Für die Prüfung der Farbe gibt es viele Meßmethoden; im allgemeinen werden aber nur die drei folgenden angewendet:

6.4. Gebrauchswertbestimmungen

Zur Bestimmung der *Jodfarbzahl* [53] wird das Produkt mit einer Lösung von Jod in KJ/Wasser verglichen. Die Jodfarbzahl sagt aus, mit wieviel mg Jod/100 ml Wasser die zu untersuchenden Lösung farblich zu vergleichen ist.

Zur Messung der *Lovibond-Farbzahl* [54] verwendet man das Lovibond-Tintometer. Das Gerät ist mit roten, gelben und blauen Gläsern ausgestattet, die sich in verschiedener Schichtdicke hintereinander schalten lassen. Es ist dadurch möglich, eine größere Anzahl von Farbmischungen zu erfassen. Die zu prüfende Substanz wird in das Tintometer gegeben; man versucht, durch Verschieben der Gläser, Farbgleichheit zu erzielen. Es wird angegeben, wieviele gelbe, rote und blaue Gläser dazu benötigt werden, außerdem die Länge der verwendeten Küvette.

Die *Hazen-Farbzahl* (Farbzahl nach APAH) [55] wird wie die Jodfarbzahl visuell gemessen. Anstelle von Jod dient als standardisierte Lösung eine Lösung aus Platin- und Kobaltsalzen verschiedener Konzentration in Wasser.

6.4.2. Hartwasserbeständigkeit (DIN 53 905)

Sulfonate, Sulfate oder auch Äthylenoxid-Addukte sind im allgemeinen bedeutend beständiger gegen hartes Wasser als Seife, jedoch bestehen graduelle Unterschiede zwischen den einzelnen Verbindungen. Daher ist eine Prüfung auf Hartwasserbeständigkeit auch bei diesen Stoffen notwendig. Man füllt dazu fünf Proben der klaren Tensidlösung in steigenden Konzentrationen bei bestimmter Temperatur mit hartem Wasser von 6, 9, 12 mval Calciumhärte (300, 450 und 600 ppm $CaCO_3$ entsprechend 17, 25,5 und 34° deutscher Härte) auf ein bestimmtes Volumen auf und bewertet die einzelnen Lösungen nach: Ausfällung, starke Trübung, schwache Trübung, opaleszierend und klar mit den Punkten 1–5. Das gegen hartes Wasser beständigste Produkt kann demnach bei fünf Konzentrationen, fünf Punkten und drei Wasserhärten als höchste Punktzahl 75 erreichen.

6.4.3. Trübungspunkt (DIN 53 917)

Der Trübungspunkt gibt an, bei welcher Temperatur sich eine Lösung eines Tensids beim Erhitzen trübt. Die Messung des Trübungspunktes wird nur bei Äthylenoxid-Addukten angewandt (zur Theorie des Trübungspunktes s. Abschnitt 5.5.1). Der Trübungspunkt einer nichtionogenen Substanz steigt mit zunehmendem Äthylenoxid-Gehalt. Er ist daher ein ausgezeichnetes Mittel, um die Länge einer Äthylenoxid-Kette bei gleichem hydrophoben Rest zu charakterisieren. Zur Messung des Trübungspunktes wird eine 2-proz. Tensidlösung bis zum Trübwerden erhitzt, dann abgekühlt und die Temperatur bestimmt, bei der die Lösung wieder klar wird. Dieser Vorgang wird meist 2- bis 3-mal wiederholt. Bei Trübungspunkten über 90° C löst man 2 % der nichtionogenen Substanz in einer 10-proz. NaCl-Lösung und führt damit die Bestimmung durch. Löst sich das Produkt in destilliertem Wasser von 20° C nicht klar auf, so werden 5 oder 10 % des Produktes in einer 25-proz. wässrigen Butyldiglykollösung (C_4H_9-O-CH_2-CH_2-O-CH_2-CH_2-OH) gelöst und wie oben gemessen.

Für Produkte mit langem hydrophilem Rest ist die Methode nicht zu verwenden, da hier keine genauen Werte erhalten werden können.

6.4.4. Klarschmelzpunkt

Der Klarschmelzpunkt einer Tensidlösung gibt an, bei welcher Temperatur das zu prüfende Produkt keine erkennbare Trübung mehr zeigt. Zur Bestimmung des Klarschmelzpunktes wird die Lösung oder die lösungsmittelfreie Substanz in ein Shukoff-Kölbchen (kleines Glasgefäß mit Vakuummantel) gegeben, das mit einem Kältethermometer versehen ist. Das Kölbchen wird in einem Kältebad abgekühlt, dann langsam wieder erwärmt und gemessen, bei welcher Temperatur die letzte Trübung verschwindet [56].

6.4.5. Viskosität, Plastizität

Die Messung der Viskosität von grenzflächenaktiven Substanzen ist sehr wichtig, da sie in viele Produkte wie Spülmittel, Haarshampoo, Seifen und Waschpulver eingearbeitet werden. Die Viskosität wird meist nach der Kapillarmethode, der Kugelfallmethode und der Rotationsmethode gemessen. Nach der Kapillarmethode arbeiten z. B. die Viskosimeter nach Ostwald, Ubbelohde und Engler, die Kugelfallmethode wird im Höppler-Viskosimeter angewandt (DIN 53 015). Die Viskosimeter nach Brookfield und Epprecht sind Rotationsviskosimeter.

Die ermittelten Werte werden meist in Centipoise (cP) angegeben. Diese Einheit gilt für die dynamische Viskosität. Manchmal findet man auch Angaben in Stokes (st). Diese Einheit ist der Quotient aus dynamischer Viskosität und Dichte.

Plastizität eines grenzflächenaktiven Stoffes ist gleichbedeutend mit sehr hoher Viskosität. Die Plastizität läßt sich nach den angegebenen Methoden zur Viskositätsmessung nicht bestimmen. Man verwendet zur Messung einen Plastographen, in dem sich in einem temperierten Knetgehäuse das pastenförmige Produkt zwischen zwei gegeneinanderlaufenden Knetern bewegt, deren Geschwindigkeit zwischen 10 und 140 Upm regelbar ist. Der Widerstand, den das Produkt der Knetvorrichtung entgegensetzt, wird über eine Waage registriert.

6.4.6. Gelierungstemperatur

Nichtionogene Verbindungen allein und nichtionogene Verbindungen im Gemisch mit anionaktiven Verbindungen haben oft die Eigenschaft, in Lösung in Wasser bei einem bestimmten Konzentrationsbereich und unterhalb einer bestimmten Temperatur zu gelieren. Zur Bestimmung der Gelierungstemperatur erhitzt man 30, 40 oder 50 g des Tensids in einem Becherglas auf 70–80° C und füllt mit destilliertem Wasser von etwa 80–90° C auf 100 g auf. Dann setzt man das Becherglas in ein kaltes Wasserbad und rührt die Mischung solange mit einem Thermometer, bis eine kleine Menge des Gels nicht mehr vom Thermometer abfließt. Der Temperaturbereich, in dem dies geschieht, wird als Gelierungstemperatur bezeichnet.

6.4.7. Lagerungsverhalten

Zur Beurteilung des Lagerungsverhaltens wird die grenzflächenaktive Substanz oder ein Gemisch derartiger Substanzen zweckmäßig in eine Flasche aus Glas oder durchsichtigem Kunststoff gegeben und in einem Klimaschrank 12 Std. auf $-10°$ C, dann 12 Std. auf 40° C gehalten und schließlich nochmal 12 Stunden bei Raumtemperatur (20° C) stehengelassen. Man beurteilt bei den einzelnen Temperaturen visuell, ob sich das Produkt getrübt hat oder ob sich etwas in flüssiger oder fester Form abgeschieden hat.

Pulver, die gewöhnlich nach einem Sprühverfahren hergestellt werden, füllt man in einen verleimten, jedoch nicht kaschierten Karton und läßt sie im Klimaschrank bei 36° C und 76–80 % relativer Luftfeuchtigkeit lagern. Das Gewicht der Pakete wird täglich kontrolliert und damit die Feuchtigkeitsaufnahme bestimmt. Nach 14 Tagen werden die Pakete geöffnet, das Waschpulver auf Farbe und Oberflächenbeschaffenheit geprüft und dann auf ein Sieb gegossen. Hier bestimmt man die durch das Sieb laufenden Mengen des Pulvers und den auf dem Sieb verbleibenden Rückstand. Bleibt im Paket ein Rückstand, so wird dieser gesondert gerechnet.

6.4.8. Wasch- und Reinigungsvermögen

Bei Beurteilung des Wasch- und Reinigungsvermögens eines Tensids muß man grundsätzlich zwischen dem Waschen von Textilien und dem Reinigen von harten Oberflächen unterscheiden. Beides erfordert verschiedene Prüfmethoden. Für das Reinigen von harten Oberflächen gibt es noch keine verbindliche Methode. Beim Waschen von Textilien setzt man meist mit einer Standardanschmutzung versehenes Gewebe ein. Mehrere Institute bringen solche Testanschmutzungen auf Wolle oder Baumwolle heraus [Wäschereiforschung, Krefeld; EMPA (Eidgenössische Materialprüf-

und Versuchsanstalt, St. Gallen/Schweiz); TNO (Nijverheids-Organisatie) Dr. Nieuwenhuis (Niederlande), Testfabrics Inc. (New York, USA)]. Kleine Lappen davon werden mit dem zu beurteilenden Tensid bei bestimmter Temperatur und bestimmter Konzentration gewaschen.

Nach dem Waschen werden die Läppchen getrocknet und gebügelt. Mit einem Weißgradmesser, z. B. ELREPHO (Zeiß), wird der Weißgrad der Testanschmutzung bezogen auf den einer Nullprobe bestimmt.

Auch für die Reinigung harter Oberflächen aus Porzellan, Glas, Holz, Metall, Lack u. ä. werden oft Testanschmutzungen eingesetzt. Beim Waschen von Tellern verwendet man z. B. Fettverschmutzungen aus Rindertalg, Kokosfett, Erdnussöl, Margarine, Aktivkohle und Ruß. Die Teller spült man mit dem zu prüfenden Tensid und beurteilt beim wievielten Teller sich die Verschmutzung an der Oberfläche des Spülwassers abscheidet.

6.4.9. Schaumvermögen (DIN 53 902)

Da man heute im Haushalt oft Waschmaschinen und Spülmaschinen verwendet, ist es nicht erwünscht, daß ein Tensid viel Schaum bildet. Schaum wünscht man meist nur noch bei Haarshampoos, Badeshampoos oder ähnlichem. Die Bestimmung der Schaumfähigkeit eines Tensids ist daher ein wichtiges Kriterium für seine Anwendung in Waschmitteln oder in Shampoos. Es wurden deshalb viele Methoden entwickelt, um eine möglichst wirklichkeitsnahe Schaumbildung hervorzurufen.

Die übliche Methode ist die Schlagmethode mit der Hand. Man gibt dabei in ein zylindrisches Rohr eine kleine Menge einer Tensidlösung einer bestimmten Konzentration und erzeugt durch Auf- und Abbewegung einer Siebplatte den Schaum. Nach einer anderen Methode läßt man die Tensidlösung in eine Tensidlösung derselben Konzentration aus einer bestimmten Höhe fließen und mißt den dabei gebildeten Schaum (Ross-Miles). Es gibt Geräte, die die Schlagmethode mit der Hand nachahmen, es gibt aber auch Geräte, bei denen der Schaum durch Bewegung von Flügelblättern oder durch Bewegung von Trommeln, wie sie in der Waschmaschine vorhanden sind, erzeugt wird. Bei der Reib-Schaum-Methode wird der Schaum durch Bürsten erzeugt.

Bei den Schaumprüfmethoden wird entweder die Höhe des Schaums oder das Volumen des Schaums angegeben [57]. Der Schaum kann in hartem Wasser oder in destilliertem Wasser geprüft werden. Eine andere Methode verwendet Wasser von verschiedenen Härtegraden in der Abstufung, 0, 5, 10, 20, 30 und 40° deutscher Härte zur Schaumprüfung.

6.4.10. Netzvermögen (DIN 53 901)

Grenzflächenaktive Substanzen setzen die Grenzflächenspannung zwischen den einzelnen Phasen, wie gasförmig-flüssig, flüssig-flüssig und flüssig-fest, herab. Zur Messung der Netzwerte der einzelnen Tenside löst man 1 g in 1 Liter Wasser und taucht in diese Lösung bei ca. 22° eine Drahtangel ein, an der an einem Angelhaken ein Baumwollplättchen von 30 mm Durchmesser hängt. Die Netzplättchen, das Gewicht des Angelhakens und die Länge des Perlonseils, an dem der Angelhaken befestigt ist, sind genormt. Taucht man die Angel in die Lösung, so schwimmt das Plättchen nach oben, wird aber durch den Faden unter der Oberfläche gehalten. Entsprechend dem Netzvermögen beginnt das Baumwollplättchen nach einer gewissen Zeit nach unten zu sinken und fällt schließlich auf den Boden. Die Zeit zwischen Eintauchen des Plättchens und Auffallen auf den Boden des Becherglases ist die Netzzeit.

6.5. Literatur

[1] K. Lindner: Tenside, Textilhilfsmittel, Waschrohstoffe. 2. Aufl., Wissenschafl. Verlagsges., Stuttgart 1964, Bd. 2, S. 1889–1939.
[2] J. A. van der Hoeve, Recueil Trav. chim. Pays-Bas *67*, 649 (1948).
[3] B. Wurtzschmitt, Z. analyt. Chem. *130*, 105 (1950).
[4] M. J. Rosen u. H. A. Goldsmith: Systematic Analysis of Surface Active Agents. Interscience, Publisher, New York 1960.
[5] C. Kortland u. H. F. Dammers, Chem. Weekbl. *49*, 341 (1953); J. Amer. Oil Chemists' Soc. *32*, 58 (1955).
[6] L. E. Weeks u. J. T. Lewis, J. Amer. Oil Chemists' Soc. *37*, 138 (1960).
[7] R. House u. J. L. Darragh, Analytic. Chem. *26*, 1492 (1954).
[8] G. Gawalek: Wasch- und Netzmittel. Akademie-Verlag, Berlin 1962; E. Heinerth, Tenside *4*, 45 (1967).
[9] T. V. Marron u. J. Schifferli, Ind. Engng. Chem., analyt. Edit. *18*, 49 (1946).
[10] R. Wickbold, Fette-Seifen-Anstrichmittel *57*, 164 (1955).
[11] S. R. Epton, Nature (London) *160*, 759 (1947).
[12[R. Wickbold, Seifen-Öle-Fette-Wachse *85*, 415 (1959).
[13] J. W. Jenkins u. K. O. Kellenbach, Analytic. Chem. *31*, 1056 (1956).
[14] J. Longwell u. W. D. Maniece, Analyst *80*, 167 (1955).
[15] R. Bennewitz u. K. Fiedler, Tenside *2*, 337 (1965).
[16] J. B. Wilson, J. Assoc. off. agric. Chemists *35*, 455 (1952); *37*, 379 (1954).

[17] P. A. Lincoln u. C. C. T. Chinnick, Analyst *81*, 100 (1956).
[18] K. Yoshimura u. M. Morita, Bull. nat. hyg. Lab. Tokyo *73*, 141 (1955); Pharmac. Bull. (Tokyo) *3*, 432 (1955).
[19] R. Neu, Fette-Seifen-Anstrichmittel *59*, 823 (1957).
[20] A. Seher, Fette-Seifen-Anstrichmittel, *63*, 617 (1961).
[21] R. Wickbold, Vom Wasser *33*, 229 (1967).
[22] K. Bürger, Z. analyt. Chem. *196*, 251 (1963).
[23] D. Hummel, Tenside *1*, 50, 73, 116 (1964).
[24] V. W. Reid, T. Alston u. B. W. Young, Analyst *80,* 682 (1955)
[25] Y. Izawa, Yukagaku *11*, 627 (1962); Analytic. Chem. *26*, 1492 (1954).
[26] J. D. Knight u. R. House, J. Amer. Oil Chemists' Soc. *36*, 195 (1959).
[27] D. Hummel: Analyse der Tenside. Hanser, München 1962; III. Int. Kongress für grenzflächenaktive Stoffe, Köln 1960, Verlag der Universitätsdruckerei, Main 1963, Bd. 3, S. 104.
[28] T. F. Boyd, I. M. MacQueen u. I. Stacy, Analytic. Chem. *21*, 731 (1949).
[29] DIN-Normblätter, Beuth-Verlag GmbH, Berlin.
[30] ASTM-Methoden, ASTM-Handbuch der American Society for Testing Materials, Philadelphia, USA.
[31] K. J. Mysels, B. Biswas u. M. Tuvell, J. Amer. Oil Chemists' Soc. *39*, 66 (1962).
[32] E. M. Sallee et al., Analytic. Chem. *28*, 1822 (1956).
[33] J. D. Malkemus u. J. D. Swan, J. Amer. Oil Chemists' Soc. *34*, 342 (1957).
[34] B. Weibull, III. Int. Kongress für grenzflächenaktive Stoffe, Köln 1960, Verlag der Universitätsdruckerei Mainz 1963, Bd. 3, S. 121.
[35] J. Pollerberg u. E. Heinerth, III. Int. Kongress für grenzflächenaktive Stoffe, Köln 1960, Verlag der Universitätsdruckerei Mainz 1963, Bd. 3, S. 89.
[36] K. Bürger, Z. analyt. Chem. *224*, 425 (1967).
[37] K. Bürger, Tenside *5*, 278 (1968).
[38] U. Gallo, Bull. chim. farmac. *92*, 332 (1953); *93*, 160 (1954); Bull. galenica (Bern) *16*, 98 (1953).
[39] F. Franks, Nature (London) *176*, 693 (1955); Analyst *81*, 390 (1956).
[40] B. Sewell, Lab. Pract. *9*, 381 (1960).
[41] H. Holness u. W. R. Stone, Nature (London) *176*, 604 (1955).
[42] J. Blandin u. R. Desalme, Bull. mens. ITERG. *8*, 69 (1954).
[34] S. Fumasoni, E. Mariani u. G. Torraca, Chem. and Ind. *1956*, 69.
[44] H. Tajiri, J. chem. Soc. Japan, ind. Chem. Sect. (Kogyo Kagaku Zassi) *64*, 1024 (1961).

[45] M. Najayama u. H. Isa, J. Japan Oil Chemists' Soc. (Yukagaku) 9, 77 (1960); J. Amer. Oil Chemists' Soc. 37, 690 (1960).
[46] R. Wickbold, Fette-Seifen-Anstrichmittel 70, 688 (1968).
[47] M. Mutter, G. van Galen u. P. W. Hendrikse, Tenside 5, 33, 36 (1968).
[48] S. Hayano, T. Nihongi u. T. Asahara, Tenside 5, 80 (1968).
[49] E. C. Beck, E. Jungermann u. W. M. Linfield, J. Amer. Oil Chemists' Soc. 39, 53 (1962).
[50] R. Wickbold, Seifen-Öle-Fette-Wachse 86, 79 (1960).
[51] K. Bey, Fette-Seifen-Anstrichmittel 67, 25 (165).
[52] M. Mutter, Tenside 5, 138 (1968).
[53] DGF-Einheitsmethode C-IV 4 a (52) (herausgegeben von der Deutschen Gesellschaft für Fettwissenschaft).
[54] DGF-Einheitsmethode C-IV 4 b (52), vgl. 53).
[55] ASTM D 1209, ASTM-Handbuch der American Society for Testing Materials, Philadelphia, USA.
[56] DGF-Einheitsmethode C-IV 3 c (52), vgl. 53).
[57] H. E. Tschakert, Tenside 3, 317, 359, 388 (1966).

7. Biologischer Abbau grenzflächenaktiver Substanzen

7.1. Detergentiengesetz

In den fünfziger Jahren wurden synthetische grenzflächenaktive Substanzen infolge ihrer ausgezeichneten Eigenschaften als Waschmittel sehr beliebt. Dies führte zu einer erheblichen Steigerung im Verbrauch solcher Produkte. Durch unzureichende Reinigung der Abwässer in Kläranlagen gelangten grenzflächenaktive Substanzen in Flüsse und Seen und führten in Verbindung mit Eiweißstoffen insbesondere an Wehren und Schleusen zu großen Schaumbelästigungen, was die Deutsche Bundesregierung veranlaßte, ein Gesetz und eine Rechtsverordnung über die Verwendung von grenzflächenaktiven Substanzen in Waschmitteln herauszugeben [1, 2]. Das Gesetz bestimmt, daß keine Wasch- und Reinigungsmittel in den Handel gebracht werden dürfen, die nicht genügend biologisch abbaubar sind. Die Bundesregierung setzt das dafür erforderliche Meßverfahren fest. Die Anforderungen müssen dem Stand der Wissenschaft und Technik auf dem Gebiet der Herstellung von Detergentien und – was besonders wichtig ist – der Leistungsfähigkeit von Kläranlagen entsprechen. Die zugehörige Rechtverordnung wurde am 1. Dezember 1962 erlassen und fordert, daß anionaktive Detergentien in Wasch- und Reinigungsmitteln mindestens zu 80 % abbaubar sein müssen.Sie trat am 1. Oktober 1964 in Kraft und hatte zum Ziel, Detergentien, die durch Mikroorganismen nur schwer oder zu langsam angegriffen werden, durch solche zu ersetzen, die sich schnell und leicht im Verlauf der biologischen Abwasserreinigung abbauen lassen.

Zur Prüfung des Abbaugrades wurden mehrere Methoden vorgeschlagen. Die in der Bundesrepublik Deutschland gesetzlich vorgeschriebene Meßmethode ist ein praxisnaher Belebtschlamm-Laboratoriumstest [2]. Die Messung wird wie folgt durchgeführt:

Ein synthetisches Abwasser wird mit 20 mg/Liter anionaktiver, grenzflächenaktiver Substanz versetzt. Dieses Abwasser wird so in ein 3 Liter fassendes Belüftungsbecken dosiert, daß es dort 3 Std. verbleibt. Als Nährlösung dient eine von Pasveer [3] angegebene Lösung aus löslichem Eiweiß (Pepton), Harnstoff, Fleischextrakt und Salzen. Der Belebtschlamm bildet sich hierbei durch natürliche Infektion und besteht aus aktiven Mikroorganismen (Abb. 58).

Er wird in ein Absetzgefäß D geführt, unten abgezogen und durch Luft wieder in das Gefäß zurückgepumpt. Das klare Wasser fließt aus Gefäß D oben nach F ab und wird dort gesammelt. Die Differenz zwischen der im Zulauf zugeführten (A) und im Ablauf (F) noch enthaltenen Mengen anionaktiver Substanz gibt den biologi-

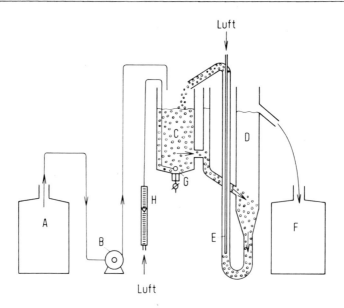

Abb. 58. Schema der Meßapparatur für die biologische Abbaubarkeit von Tensiden nach Bock und Wickbold [5]. A = Vorratsgefäß, B = Dosiereinrichtung, C = Belüftungsgefäß (Füllung 3 Liter), D = Absetzgefäß, E = Mammutpumpe, F = Sammelgefäß, G = Fritte, H = Luftmengenmesser.

schen Abbau an. Die Mengen von anionaktiven Produkten im Zulauf und im Ablauf werden nach der Methylenblaumethode bestimmt [4]. Sie beruht darauf, daß anionaktive Tenside mit Methylenblau farbige Salze bilden, die in Wasser unlöslich, in organischen Lösungsmitteln, z. B. Chloroform, löslich sind und daher extrahiert werden können. Durch kolorimetrische Bestimmung gegen eine Standardlösung kann man sehr geringe Konzentrationen anionaktiver Substanzen nachweisen.

7.2. Konstitution und Abbaubarkeit

7.2.1. Anionaktive Waschrohstoffe

Nach der beschriebenen Prüfmethode bestimmt man z. B. beim Tetrapropylenbenzolsulfonat, also einem stark verzweigten Alkylarylsulfonat, einen biologischen Abbau von nur 20–30 % [5]. Da Tetrapropylenbenzolsulfonat bis 1964 der Hauptanteil der anionaktiven Waschrohstoffe war, waren die Waschrohstoff-Hersteller gezwungen, neue derartige Rohstoffe zu entwickeln, die zu mindestens 80 % ab-

7.2. Konstitution und Abbaubarkeit 147

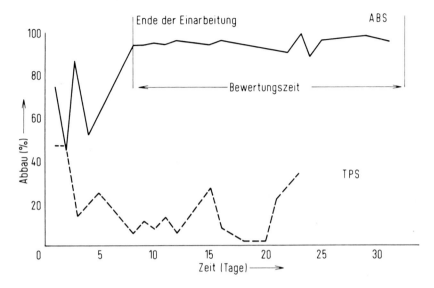

Abb. 59. Biologischer Abbau von Tetrapropylenbenzolsulfonat (TPS) (---) und C_{10}- bis C_{13}-Alkylbenzolsulfonat (ABS) (——) nach der Rechtsverordnung [5].

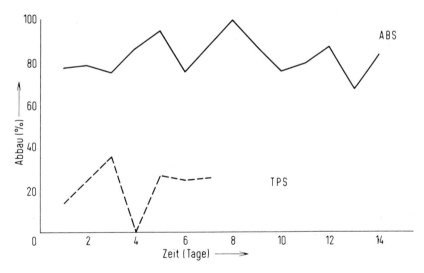

Abb. 60. Biologischer Abbau von Tetrapropylenbenzolsulfonat (TPS) (---) und C_{10}- bis C_{13}-Alkylbenzolsulfonat (ABS) (——) in einer großtechnischen Kläranlage [5].

baubar waren. Das Ergebnis war ein C_{10}- bis C_{13}-Alkylbenzolsulfonat mit einer unverzweigten Alkylkette, das nach der beschriebenen Prüfmethode zu 90–95 % abbaubar ist.

Die Abbildungen 59 und 60 zeigen deutlich den Unterschied im biologischen Abbau von Tetrapropylenbenzolsulfonat und dem unverzweigten Alkylbenzolsulfonat.

Die im Laboratorium gefundenen Abbauwerte konnten in Großversuchen in städtischen Kläranlagen bestätigt werden [6–9].

Der biologische Abbau beginnt vorwiegend am Ende der Alkylkette [10, 11]. Als Abbauprodukte entstehen Mono- und Dicarbonsäuren. Zwischenprodukt ist ein aromatisches Sulfocarbonsäurederivat. Dann erfolgen die Sprengung des Benzolringes und der weitere Abbau zu CO_2, Wasser und Sulfaten. Die grenzflächenaktive Eigenschaft verschwindet schon dann, wenn die Oxidation einsetzt, d. h. hydrophile Gruppen am hydrophoben Rest auftreten.

Der biologische Abbau findet bereits in der Kanalisation statt, so daß vor Eintritt des Abwassers in die Kläranlage ein Teil schon nicht mehr grenzflächenaktiv ist. Biologisch weiche Alkylbenzolsulfonate werden auch in den Flussläufen weiter abgebaut [12], Da in Deutschland nur ca. 30 % der häuslichen Abwässer in Kläranlagen gereinigt werden, ist dies besonders wichtig.

Der biologische Abbau hängt sehr stark von der speziellen Lage der Verzweigungen in der Alkylkette ab. So wird z. B. ein 8,8-Dimethylnonylbenzolsulfonat noch weit langsamer abgebaut als Tetrapropylenbenzolsulfonat [13]. Je näher die Verzweigung in der Alkylkette zum Benzolring rückt, desto besser wird das Produkt biologisch abgebaut.

Auch die Stellung des Benzolrings an der Alkankette wirkt sich auf den biologischen Abbau aus. Untersuchungen von Bock [7] in der Kläranlage Marl-Ost zeigten, daß Alkylbenzol-Derivate mit endständigem Benzolkern schneller abgebaut werden als solche, bei denen der Benzolring in der Mitte der Alkylkette steht (Tabelle 26) [14].

Wie Tabelle 26 außerdem zeigt, hat auch die Länge der Alkylkette auf den biologischen Abbau Einfluß. So werden kürzere Alkylketten langsamer abgebaut; längere Alkylketten werden schneller abgebaut; die Produkte sind aber zu wenig löslich. Der Abbau der anderen anionaktiven Produkte verläuft fast genauso wie der von Alkylbenzolsulfonaten. Bei den Alkylsulfaten nimmt z. B. mit zunehmender Verzweigung die biologische Abbaubarkeit ab. Das gleiche gilt für Alkansulfonate. Der Abbau beginnt auch hier an der endständigen Methylgruppe

Tab. 26. Biologischer Abbau von isomeren und homologen Alkylbenyolsulfonaten in einer Kläranlage [7].

Grundkohlenwasserstoff	$C_x\text{—}\underset{\underset{C_6H_4\ SO_3Na}{\|}}{C}\text{—}C_y$		Abbau (%)
5-Phenyldecan	4	5	52
6-Phenylundecan	5	5	58
4-Phenyldecan	3	6	68
5-Phenylundecan	4	6	72
6-Phenyldodecan	5	6	81
3-Phenyldecan	2	7	88
4-Phenylundecan	3	7	89
5-Phenyldodecan	4	7	92
6-Phenyltridecan	5	7	92
+ 7-Phenyltridecan [a]	6	6	
2-Phenyldecan	1	8	92
3-Phenylundecan	2	8	93
4-Phenyldodecan	3	8	94
5-Phenyltridecan	4	8	94
2-Phenylundecan	1	9	94
3-Phenyldodecan	2	9	95
4-Phenyltridecan	3	9	95
2-Phenyldodecan	1	10	95
3-Phenyltridecan	2	10	96
2-Phenyltridecan	1	11	96

[a] Analytisch nicht trennbar.

und läuft durch bis zur Bildung von anorganischem Sulfat. Andererseits wird aber auch die Schwefelsäureesterbindung hydrolysiert und der freie Fettalkohol abgebaut.

7.2.2. Nichtionogene Waschrohstoffe

Die Rechtsverordnung zum biologischen Abbau von Detergentien gilt nur für anionaktive Produkte. Nichtionogene Stoffe werden davon nicht erfaßt, da sie analytisch nur sehr schwierig nachgewiesen werden können. Sie werden jedoch in weit geringerem Maße als die anionaktiven Tenside verwendet und fallen daher bei der Verschmutzung von Gewässern praktisch kaum ins Gewicht.

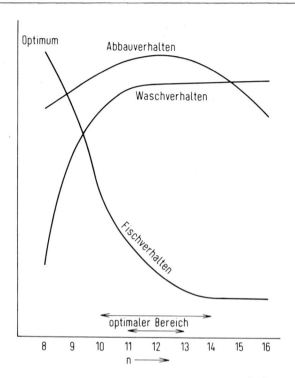

Abb. 61. Verhalten von n-Alkylbenzolsulfonaten nach Hirsch [16]. n = Anzahl C-Atome in der Alkylkette.

7.3. Fischverträglichkeit

Mit der Umstellung der anionaktiven Waschrohstoffe von Tetrapropylenbenzolsulfonat auf n-Alkylbenzolsulfonat rückte das Problem der Fischverträglichkeit der anionaktiven Waschrohstoffe wieder in den Vordergrund. Beim Tetrapropylenbenzol lag der kritische Wert für die Fischverträglichkeit bei 10–12 mg/Liter, also einer Konzentration, die weit über den Werten lag, die man damals in deutschen Flüssen fand (z. B. im Rhein 0,1–0,3 mg/Liter). Die biologisch abbaubaren Waschrohstoffe haben einen kritischen Wert von 4–6 mg/l. Sie werden aber infolge ihrer guten biologischen Abbaubarkeit so schnell zersetzt, daß solche Werte überhaupt nicht erreicht werden (die Nachweisbarkeit von Detergentien im Abwasser beträgt heute 0,1 mg/Liter). Bock [15] hat nachgewiesen, daß die Erniedrigung der Grenzflächenspannung des Wassers unter 50 dyn/cm für Fische nicht mehr verträglich ist. Unter diesem Wert tritt eine Verquellung und Zerstörung des respiratorischen Epithels der Fischkiemen auf, die zum Tode des Fisches führen. Dagegen konnten im Magen- und Darmkanal der Fische selbst bei sehr viel größeren Detergentienmengen keine Schäden beobachtet werden [16]. Hirsch [17], zieht einen Vergleich zwischen biologischer Abbaubarkeit, Waschwirkung und Fischgiftigkeit von Waschrohstoffen vom Typ Alkylbenzolsulfonat und kommt zum Ergebnis, daß mit zunehmender Alkylkettenlänge die Fischgiftigkeit zunimmt, die Waschwirkung ab C_{10} nur noch schwach zunimmt, der biologische Abbau von C_{12} ab aber wieder schlechter wird, so daß der optimale Bereich für Alkylbenzolsulfonate bei einer Alkylkettenlänge von 10–14 C-Atomen liegt (Abb. 61).

7.4. Literatur

[1] Bundesgesetzblatt, Teil 1, Nr. 72, 1653 (1961).
[2] Bundesgesetzblatt, Teil 1, Nr. 49, 698 (1962).
[3] A. Pasveer, Sewage, ind. Wastes *27*, 783 (1955).
[4] H 23^+ der Dt. Einheitsverfahren zur Untersuchung von Wasser, Abwasser, und Schlamm.
[5] K. J. Bock u. R. Wickbold, Seifen-Öle-Fette-Wachse *89*, 870 (1963).
[5] H. Jendreyko u. K. J. Bock, Gas- u. Wasserfach Ausg. Wasser-Abwasser *103*, 615 (1962).
[7] K. J. Bock u. R. Wickbold, Vom Wasser *33*, 242 (1967).
[8] H. Spohn u. W. K. Fischer, Tenside *1*, 81 (1964).
[9] H. Spohn, Tenside *1*, 18 (1964).
[10] R. Wickbold, IV. Int. Kongress für grenzflächenaktive Stoffe, Brüssel 1964, Gordon and Breach, Sci. Publ., London 1968, Bd. 3, S. 903.
[11] H. Kölbel, P. Kurzendörfer u. C. Werner, Tenside *4*, 33 (1967).
[12] W. Bucksteeg, Wasser, Luft, Betr. *1966*, 28
[13] R. B. Swisher, J. Amer. Oil Chemists' Soc. *40*, 648 (1963).
[14] G. Orgel u. F. A. Rupp, IV. Int. Kongress für grenzflächenaktive Stoffe, Brüssel 1964, Gordon and Breach, Sci. Publ., London 1968, Bd. 3, S. 131.
[15] K. J. Bock, IV. Int. Kongress für grenzflächenaktive Stoffe, Brüssel 1964, Gordon and Breach, Sci. Publ., London 1968, Bd. 3, S. 829.
[16] K. J. Bock in Liebmann: Münchner Beiträge. Bd. 9, 2. Aufl., R. Oldenbourg, München 1967 S. 110
[17] E. Hirsch, Vom Wasser *30*, 249 (1964).

8. Technische Anwendung der grenzflächenaktiven Verbindungen

Infolge ihrer grenzflächenaktiven Eigenschaften, also vor allem ihres Wasch-, Netz- und Schaumvermögens, ermöglichen die grenzflächenaktiven Verbindungen vielseitige Verwendungen. Das weitaus größte Anwendungsgebiet ist das der Wasch- und Reinigungsmittel. Durch die neuen synthetischen Produkte wurde die Seife aus diesem Bereich weitgehend verdrängt. Der Anteil der Seife an den heute verwendeten Wasch- und Reinigungsmitteln ist z. B. in USA und in der Bundesrepublik Deutschland auf weniger als 20 % des Gesamtverbrauchs gesunken. (Für manchen Zweck, z. B. für die Körperreinigung, braucht man aber nach wie vor fast ausschließlich Seife.)

Grenzflächenaktive Substanzen werden nicht nur zum Waschen und Reinigen von Textilien und Gegenständen des täglichen Gebrauchs oder zur Körperpflege und Körperreinigung verwendet, sondern auch auf allen anderen Gebieten, wenn man zwischen zwei nicht mischbaren Phasen einen Kontakt herstellen will. Im allgemeinen sind nur geringe Mengen erforderlich, da eine monomolekulare Schicht für die Erzielung des gewünschten Effektes genügt. Bei der Herstellung eines solchen Kontaktes spielt die unterschiedliche Netz- und Dispergierwirkung der einzelnen Tenside eine wichtige Rolle. Die chemisch-physikalischen Anforderungen an ein Tensid hängen von den Eigenschaften ab, die eine kolloidale Phase haben soll. So wird man zum Waschen und Reinigen ein anderes Tensid als zur Herstellung einer Emulsion verwenden.

Die niedrigste Grenzflächenspannung zeigen in der Kohlenwasserstoffkette perfluorierte grenzflächenaktive Substanzen. Gewöhnlich setzen die Tenside die Grenzflächenspannung des Wassers von 73 dyn/cm auf ca. 30–35 dyn/cm herab. Perfluorierte Tenside haben Grenzflächenspannungen um 20 dyn/cm und weniger. Sie sind chemisch und thermisch sehr beständig und können z. B. als Netzmittel in Chromschwefelsäurebädern in der Galvanotechnik verwendet werden, sind allerdings vorerst noch sehr teuer [1].

8.1. Wasch- und Reinigungsmittel [2–4]

Auf dem Gebiet der Wasch- und Reinigungsmittel unterscheidet man
a) pulverförmige Haushaltswaschmittel (einschließlich der Produkte für die gewerblichen Wäschereien),
b) pulverförmige oder flüssige Feinwaschmittel,

c) überwiegend flüssige Spülmittel sowie Scheuerpulver,
d) Waschhilfsmittel und sonstige Reinigungsmittel (z. B. Industriereiniger).

Die heute gebräuchlichen pulverförmigen Waschmittel sind aus dem „Seifenpulver" entwickelt worden, das früher aus geraspelter oder gemahlener Seife mit Zusätze aus Soda oder Wasserglas bestand und waschtechnisch gewisse Nachteile hatte. Von einem modernen Waschpulver verlangt man eine ausgezeichnete Wirksamkeit bei schonender Behandlung der zu reinigenden Gegenstände; es soll leicht löslich sein, nicht stäuben, gut lagerfähig sein und in Farbe und Geruch dem Publikumsgeschmack entsprechen.

Die heutigen *Haushaltswaschmittel* sind alle weitestgehend hartwasserbeständig und bestehen aus ca.:

15–20 %	waschaktiver Substanz,
30–40 %	Phosphaten,
3–5 %	Silicaten,
15–25 %	Peroxoborat,
2 %	Magnesiumsilicat,
2–3 %	Carboxymethylcellulose (CMC),
	Natriumsulfat, optischem Aufheller, Parfüm und Wasser.

Die waschaktive Substanz setzt sich zusammen aus ca.:

60 %	Alkylbenzolsulfonat,
20–25 %	eines nichtionogenen Produktes, z. B. Alkylphenol- oder Fettalkohol-Äthylenoxid-Addukten und aus
10–15 %	eines Schaumstabilisators oder Schaumbremsers.

Als Schaumstabilisator nimmt man Hydroxyäthyl-fettsäureamide; als Schaumbremser, besonders für Waschmittel in Trommelwaschmaschinen, benutzt man eine Spezialseife, die z. B. aus höheren Fettsäuren wie Stearinsäure (C_{18}), Arachinsäure (C_{20}) und Behensäure (C_{22}) besteht.

Die gebräuchlichsten *Phosphate* sind Trinatriumphosphat, Tetranatriumdiphosphat und vor allem Natriumtripolyphosphat. Das Tripolyphosphat hat sich in den heutigen Waschmitteln immer mehr durchgesetzt, da es mit den Härtebildnern des Wassers Komplexe (Chelate) bildet und damit bei ungünstigen Wasserverhältnissen die Waschwirkung der synthetischen Waschrohstoffe unterstützt. Für flüssige Waschmittel sind die entsprechenden Kaliumphosphate von Bedeutung, da sie besser wasserlöslich als die Natriumphosphate sind.

Die *Silicate* dienen dazu, dem Waschpulver die für den Waschvorgang notwendige Alkalität zu verleihen, d. h. sie erhöhen die OH-Ionen-Konzentration und wirken

8.1. Wasch- und Reinigungsmittel [2–4]

korrosionsinhibierend. Außerdem adsorbieren sie Eisenverbindungen. Man verwendet alle Silicate vom Orthosilicat mit einem Verhältnis $SiO_2 : Na_2O$ wie 0,5 : 1 bis Wasserglas mit einem Verhältnis von ca. 1,5 : 1 bis 3,8 : 1.

15–25 % des konfektionierten Waschmittels bestehen aus *Peroxoborat* ($NaBO_2 \cdot H_2O_2 \cdot 3 H_2O$), das als Bleichmittel dient. Es muß über längere Zeit lagerbeständig sein und daher stabilisiert werden. Als Stabilisatoren im wässrigen Medium werden meist basische Magnesiumsalze, z. B. Magnesiumsilicat, verwendet. Auch Salze der Äthylendiamin-tetraessigsäure wirken stabilisierend, weil sie die den Zerfall katalysierenden Metallionen binden. Andererseits könnten chelatbildende Produkte, z. B. Salze der Äthylendiamin-tetraessigsäure und Nitrilotriessigsäure, die Phosphate ersetzen, was die Belastung der Abwässer mit Phosphaten etwas vermindern würde. In den USA und in Schweden sind Waschmittel mit 10 % Trinatrium-nitrilotriacetat schon auf dem Markt.

Carboxymethylcellulose (CMC) dient dazu, den Schmutz in der Flotte festzuhalten, damit die Faser nicht vergraut. Man erhöht also durch Zusatz von 1–2 % CMC das „Schmutztragevermögen" der Waschrohstoffe. Besonders für synthetische Waschrohstoffe ist die CMC von Bedeutung, da diese Produkte ein schlechteres Schmutztragevermögen als Seife haben. Obwohl die CMC keine Waschwirkung zeigt, ist sie zu einem wichtigen Waschhilfsmittel in synthetischen Waschmitteln geworden.

Als *optische Aufheller* in Mengen von ca. 0,1 % benutzt man Verbindungen, die die Fähigkeit haben, das nicht sichtbare UV-Licht in sichtbares blaues Licht umzuwandeln. Dadurch reflektiert das mit optischem Aufheller behandelte Wäschestück mehr sichtbares Licht als eingestrahlt wird und erscheint daher dem Auge heller. Die optischen Aufheller sind meist Derivate des Stilbens, Benzidins, Benzophenons oder Imidazols. Sie verhalten sich wie substantive Farbstoffe und ziehen auf die Faser auf [5].

Konfektionierte Waschpulver stellt man vor allem nach dem Heißluft-Sprühtrocknungsverfahren her. Daneben gibt es auch noch andere Verfahren, z. B. das Sprühmischen. Für die Sprühtrocknung benötigt man einen Sprühturm, der ca. 30 m hoch ist und durch den meist im Gegenstrom Heißluft von ca. 350° C gesaugt wird (Abb. 62).

Der Waschpulveransatz wird als „Slurry" teilweise gelöst und über eine rotierende Scheibe oder durch einen Düsenkranz (4) mit Druck bis 40 atm in den Sprühturm eingesprüht. (Der Slurry ist eine wässrige Aufschlämmung mit ca. 60 % Feststoffgehalt). Man erhält so Agglomerate, die je nach Arbeitsbedingungen als Pulver oder auch z. T. in Form von Perlen („Beads") vorliegen können.

156 8. Technische Anwendung der grenzflächenaktiven Verbindungen

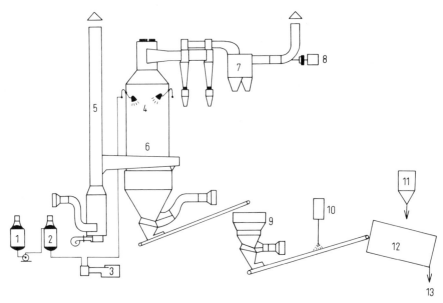

Abb. 62. Schema einer Waschpulver-Herstellungsanlage.

Beads sind winzige Hohlkügelchen, die dem Waschpulver eine gute Rieselfähigkeit und ein niedriges Schüttgewicht geben, nicht stäuben, sich andererseits aber bequem lösen lassen. Die Industrie verwendet meist die Gegenstromtrocknung, weil man dadurch größere Partikel und einen höheren wärmetechnischen Wirkungsgrad erhält. Die Gleichstromtrocknung wird nur dann eingesetzt, wenn eine besonders schonende Trocknung verlangt wird. Der Anteil an Feinpulver ist dabei höher.

Das im Sprühturm erhaltene Produkt muß noch nachbehandelt werden. Es wird zunächst gekühlt, um ein Zusammenbacken zu vermeiden (9). Dann wird das Pulver noch mit Peroxoborat (11) gemischt, parfümiert (10) und gesiebt [6].

Ein Sprühturm kann bis zu 12 t Sprühpulver pro Stunde produzieren. Allerdings sind folgende Gesichtspunkte dabei zu beachten:
1. Hohe Investierungskosten
2. Großer Energieverbrauch
3. Der Slurry muß ständig bewegt werden, da sonst Entmischung und damit eine Inhomogenität im gesprühten Pulver eintritt.
4. Organische Bestandteile können sich bei den hohen Arbeitstemperaturen zersetzen.

8.1. Wasch- und Reinigungsmittel [2–4]

Die Errichtung eines Sprühturmes kommt daher nur für eine Großproduktion in Frage. Bei kleineren Produktionsgrößen verwendet man zur Pulverherstellung andere Sprühverfahren. Es sind dies Kaltsprühverfahren, die alle unter dem Begriff Sprühmischen zusammengefaßt werden und sich nur durch die Art der Ausführung unterscheiden. Beim Sprühmischen werden die anorganischen Zusatzstoffe, die Builder — Phosphat und Silicat, Peroxoborat, Natriumsulfat, optischer Aufheller und CMC — vorgelegt und die waschaktiven Substanzen, Wasser und Parfüm in gelöster Form durch eine oder mehrere Düsen aufgesprüht. Die Wassermenge ist so berechnet, daß sie als Kristallwasser gebunden wird. Es sind mehrere Arten von Mischern auf dem Markt, die für die Herstellung von Waschmitteln brauchbar sind. Es gibt dabei kontinuierliche (Wirbelmischer) [7] und diskontinuierliche Verfahren (Mischtrommeln) oder Mischbehälter mit Planetenrührwerk u. a. [8–13].

Der Vorteil des Sprühmischers ist die bessere Verarbeitung der Tenside, vor allem dann, wenn Desinfektionsmittel, Riechstoffe, optische Aufheller und Lösungsmittel, die flüchtig sind oder sich beim Heißsprühen zersetzen, eingearbeitet werden sollen. Die Nachteile sind höhere Schüttgewichte, da keine Beads gebildet werden.

Neuerdings bringt man wieder Vorwaschmittel und auch Vollwaschmittel mit Enzymen auf den Markt. Diese enzymhaltigen Waschmittel entfalten bis 60° C ihre volle Wirksamkeit und dienen dazu, im Vorwaschgang von Waschmaschinen Eiweiß- und Stärkeverschmutzungen abzubauen [14].

Buntwaschmittel unterscheiden sich von den üblichen Grobwaschmitteln nur durch ihren geringeren Gehalt an optischem Aufheller. Im Gegensatz dazu enthalten Spezialwaschmittel für Synthesefasern bedeutend mehr optischen Aufheller als üblich.

Allgemein werden pulverförmige Grobwaschmittel bevorzugt. Ein flüssiges Waschmittel hätte zwar den Vorteil, daß es gut löslich und gut dosierbar ist und ein geringes Lagervolumen besitzt, jedoch sind Hochkonzentrate mit dem erforderlichen Salzgehalt noch nicht herstellbar. Das Problem der Einarbeitung eines festen Builders sowie eines stabilen Sauerstoffträgers ist noch nicht gelöst. Außerdem neigen flüssige Waschmittel zum Eintrocknen und Trüben. Ein hoher Phosphatgehalt in Anwesenheit von Silicaten war bisher nicht zu verwirklichen. Aus der Patentliteratur geht hervor, daß sich viele Stellen bemühen, flüssige Waschmittel zu entwickeln. Die *Feinwaschmittel* (flüssig oder pulverförmig) sind meist neutral eingestellt. Sie dienen z. B. zum Waschen von Wolle, Seide und Synthesefasern. Zum Waschen von Wolle wird eine sehr geringe Alkalität und niedrige Temperatur verlangt, da Wolle sonst verfilzt. Waschmittel für Seide sind ähnlich aufgebaut. In Feinwaschmitteln setzt man Sulfonate wie Alkylbenzolsulfonat, Alkansulfonat, aber auch Sulfate, Äthersulfate und Äthylenoxid-Addukte ein.

Spülmittel sind heute fast ausschließlich flüssige Produkte. Man unterscheidet Spülmittel für das Spülen mit der Hand und Spülmittel für Geschirrspülmaschinen. Es wird gefordert, daß sie hartwasserbeständig, gut fettlösend, gut hautverträglich, schon bei niedrigen Temperaturen wirksam und leicht abspülbar sind. Spülmittel enthalten ungefähr 25−30 % waschaktive Substanz (WAS), die sich z. B. zusammensetzt aus
60 % Alkylbenzolsulfonat
30 % Fettkohol- oder Alkylphenol-Äthylenoxid-Addukt oder Äthersulfat und
10 % Hydroxyalkyl-fettsäureamid oder Fettsäure-Äthylenoxid-Addukt
das als Hautschutzstoff dient. Spülmittel für Geschirrspülmaschinen sind meist auf Phosphat- und Metasilicatbasis aufgebaut. Sie enthalten 2−3 % einer möglichst schwach schäumenden Substanz, z. B. Äthylenoxid/Propylenoxid-Kondensationsprodukte.

Es sind außerdem *Reinigungsmittel* für die verschiedensten Zwecke auf dem Markt. Die Konzentration der Reiniger an Tensiden hängt vom Verwendungszweck ab. Sie sind alkalisch, neutral oder sauer und kommen in Pulverform, pastenförmig oder flüssig in den Handel [15].

Reiniger für besondere Verschmutzungen enthalten meist nur wenig waschaktive Substanz, sondern bestehen vorwiegend aus Tripolyphosphat, Wasserglas, Soda und Natriumdichlorisocyanurat, Hydantoin oder chloriertem Trinatriumphosphat. Sie werden vielfach in Molkereien und anderen Lebensmittelbetrieben eingesetzt. Das Natriumdichlorisocyanurat und das chlorierte Phosphat spalten während des Reinigungsvorganges Chlor ab und geben dem Reiniger dadurch eine desinfizierende und bleichende Wirkung.

Auch *WC-Reiniger* enthalten meist nur 3−4 % WAS, und zwar anionaktive Verbindungen, z. B. Alkylbenzolsulfonat. Im übrigen bestehen sie aus Natriumhydrogensulfat mit wenig Soda und einem Desinfektionsmittel, z. B. Natriumdichlorisocyanurat.

Bei *Fußbodenreinigern* unterscheidet man lösungsmittelhaltige und lösungsmittelfreie Produkte. Sie enthalten bis zu 30 % WAS in Form anionaktiver oder nichtionogener Verbindungen, z. B. Alkylbenzolsulfonate, Seifen oder Polyglykoläther. Die lösungsmittelhaltigen nehmen das alte Wachs vom Fußboden zwar etwas besser ab, führen aber leicht zur Versprödung, besonders von Linoleum und Kunststoffböden. Bei Reinigern für Kunststoff-Fußböden setzt man daher einen für die Herstellung von Weich-Polyvinylchlorid (PVC) verwendeten Weichmacher in Mengen bis 4 % zu. Die lösungsmittelfreien Fußbodenreiniger enthalten meist ein Scheuermittel. Auch Fußbodenreiniger mit 30—40 % Wachs sind auf dem Markt; sie sollen ein Nachwachsen ersparen. Für Fliesen und Betonfußböden werden sauer eingestellte Reiniger verwendet [16]. Für die zur Nachbehandlung von Fußböden verwendeten Wachse und Selbstglanzwachse werden grenzflächenaktive Verbindungen, u. a. nichtionogene Produkte, zum Emulgieren der festen Komponenten in großem Umfang eingesetzt.

Flaschenreiniger sind stark alkalisch eingestellt. Die verwendeten Tenside sind z. B. quartäre Ammoniumverbindungen in Kombination mit nichtionogenen Verbindungen. In neuerer Zeit werden auch Salze saurer Phosphorsäureester verwendet.

Zur *Reinigung von Teppichen und Polstermöbeln* benutzt man Trockenschaum, für den man Fettsäuremonoäthanolamidsulfosuccinate R-CO-NH-CH$_2$-CH$_2$-O-CO-CH(SO$_3$Na)-CH$_2$-COONa und Fettalkoholsulfate, aber auch Kombinationen mit Seife sowie Sarkosinate verwendet. Das Textilgut soll bei der Trockenschaumreinigung so wenig wie möglich befeuchtet werden. Man schäumt den Reiniger auf und reibt den Schaum in die Polster oder den Teppich ein. Der Schaum löst nun den Schmutz von der Faser ab und hält ihn fest [17]. Bei einem Teppich- und Polsterreiniger soll der Schaum nach dem Trocknen zu einem groben Pulver werden, das sich leicht abbürsten läßt. Lithiumsalze von Sulfaten, Sulfonaten u. a. sind für Teppichschampoos besonders gut geeignet, weil sie gut kristallisieren und daher gut ausgebürstet werden können [17a].

Für Kraftfahrzeuge werden Reiniger im großen Maßstab eingesetzt. Für neue Fahrzeuge, die mit einer Wachs- oder Paraffinschicht bedeckt sind, benötigt man *Entkonservierer* (Entwachser). Diese Produkte bestehen aus Testbenzin, Petroleum und grenzflächenaktiven Substanzen. Man besprüht die Fahrzeuge mit dem Entkonservierer, wobei die Wachsschicht angelöst und emulgiert wird, und spritzt nach einer gewissen Einwirkungszeit mit Wasser ab. Verwendet werden nichtionogene und anionaktive Produkte.

Die *Kaltreiniger* sind ähnlich zusammengesetzt wie die Entwachser und dienen zum Reinigen von Motoren und anderen Metallteilen. Man verwendet hauptsächlich nichtionogene Emulgatorengemische.

Als *Nachspülmittel*, das ein klares Ablaufen des Wassers nach der Autowäsche ermöglicht und ein Abledern ersparen soll, verwendet man meist kationaktive Mineralöl- oder Wachsemulsionen.

Autopolituren bestehen aus Testbenzin, hochmolekularen Wachsen und einem kationaktiven oder nichtionogenen Emulgator.

Für *Chrompflegemittel* werden Testbenzin, Wachs und Mineralöl im Gemisch mit Kreide oder Polierrot verwendet. Zur Erzielung einer ausreichenden Stabilität der Paste setzt man nichtionogene grenzflächenaktive Substanzen ein.

8.2. Textilhilfsmittel

Der älteste Verbraucher grenzflächenaktiver Stoffe ist die Textilindustrie. Man benutzt hier die Tenside nicht nur für die Vorreinigung von Wolle, Baumwolle und Seide, sondern auch für die Veredlung der Fasern wie Spinnen, Schlichten und Färben [2, 18, 19].

8.2.1. Vorreinigung von Rohfasern

Rohwolle ist bekanntlich stark verunreinigt. Sie enthält außer Wollfett noch Mineralsalze und viel Schmutz, der je nach der Umgebung, in welcher das Tier gelebt hat, sehr verschieden sein kann. Alle diese Stoffe müssen vor der Verarbeitung der Wolle entfernt werden. Das Reinigen führt man meist in einer Leviathan-Wollwaschanlage mit nichtionogenen Waschrohstoffen durch. Anion- und kationaktive Tenside scheiden aus, da sie zu faseraffin sind. Früher wurde die Wolle mit Seife und Soda bei einem pH-Wert von 8–9 gewaschen; heute wäscht man mit nichtionogenen Verbindungen und geringen Mengen Soda, die die Waschwirkung erhöhen. Die neutrale und die schwach saure Wollwäsche wird vorerst noch in geringem Maße angewendet [20].

Baumwolle muß im Gegensatz zu Wolle stark alkalisch behandelt werden. Dies ist nötig, weil die Baumwolle mit Fremdstoffen wie Wachsen, Lignin-, Farb- und Eiweißsubstanzen sowie Blatt- und Samenschalenresten verunreinigt ist. Man nennt diesen Vorgang Abkochen und Beuchen. Auch hier werden Netzmittel (Beuchhilfsmittel) eingesetzt, die das Eindringen der Alkalien in die Faser fördern und damit die eingeschlossene Luft, die oxidierend und faserschädigend wirkt, möglichst schnell verdrängen sollen. Eine Dispergierung ist außerdem erforderlich, da nicht verseifbare Anteile ausfallen und so die gefürchteten Beuchflecken verursachen können. Man verwendet als Tensid meist Kombinationen zwischen nichtionogenen und anionaktiven Waschrohstoffen und außerdem lösungsmittelhaltige Waschmittelkombinationen. Die bei der Mercerisierung verwendeten kurzkettigen Sulfate oder Äthersulfate z. B. 2-Äthylhexylsulfat oder sulfatiertes Butyldiglykol (C_4H_9-O-CH_2-CH_2-O-CH_2-CH_2-O-SO_3Na) werden auch als Beuchhilfsmittel gebraucht.

Eine Vorreinigung von synthetischen Fasern ist nur dann erforderlich, wenn das zur Herstellung der synthetischen Fasern benötigte Präparationsmittel deren Weiterverarbeitung stört. Als Reinigungsmittel werden neben Fettalkoholsulfaten und Alkylbenzolsulfonaten Äthylenoxid-Addukte verwendet. Die Arbeitstemperaturen sollen nicht höher als 60 °C liegen. Bei Verwendung von Lösungsmitteln ist darauf zu achten, daß die Fasern nicht anquellen.

8.2.2. Schmälzen

Um die Gleitfähigkeit von Spinnfasern bei der Verarbeitung zu erhöhen und der Faser antistatische Eigenschaften zu geben, behandelt man sie vorher mit Schmälzen. Als Schmälze wurde seit Jahrhunderten Olein verwendet. Jetzt kommen in steigendem Maße Mineralöle, meist in Emulsionsform, auf den Markt. Außerdem gibt es mineralölfreie Einstellungen auf Basis von Mischpolyadditionsverbindungen aus Äthylenoxid und Propylenoxid. Die Schmälze muß nach der Verarbeitung wieder entfernt werden und daher gut auswaschbar sein. Zur Herstellung der Emulsion werden Nonylphenol-, Fettsäure- und Fettalkohol-Äthylenoxid-Addukte mit niedrigem Äthylenoxid-Gehalt sowie Alkylbenzolsulfonate gebraucht [21]. Fettalkohol-Äthylenoxid-Addukte werden auch den Schmiermitteln für die Spinnmaschinen zugesetzt, damit sich die durch die Schmiermittel entstandenen Flecken nach dem Verspinnen der Faser besser auswaschen lassen.

8.2.3. Schlichten

Schlichten sollen die Kettfäden für die starke Beanspruchung auf den Webstühlen vorbereiten, d. h. die einzelnen Fasern sollen verklebt werden. Man unterscheidet zwischen Mantelschlichten und Kernschlichten, tje nach dem, ob die Schlichte auf der Fadenoberfläche bleibt oder in den Faden eindringt. Den besten Fadenschluß erhält man mit Kernschlichten. Für Baumwolle verwendet man meist Kartoffel- oder Maisstärke, für Chemiefasern setzt man neben Stärkeprodukten synthetische ein.

Im allgemeinen werden für Schlichten keine grenzflächenaktiven Substanzen verwendet. Wichtig sind dagegen Tenside beim Entschlichten, d. h. beim Entfernen der zum Weben aufgebrachten Substanzen. Für Stärke verwendet man meist kohlenhydratspaltende Enzyme und ein Netzmittel, das die Enzymwirkung nicht beeinflußt. Für die übrigen Schlichten finden Sulfonate, Sulfate und nichtionogene Produkte Verwendung. Im allgemeinen werden Netzmittel schon im Vorbereitungsprozess für die Nassveredelung, d. h., vor dem Färben, Schlichten u. a. eingesetzt; das anschließende Schlichten oder Färben wird dann ohne Netzmittel durchgeführt. Es werden vor allem nichtionogene Produkte, also Nonylphenol-, Säureamid-, Fettalkohol-Äthylenoxid-Addukte u. a. verwendet.

8.2.4. Walken

Beim Walken wird ein Wollgewebe einer starken mechanischen Beanspruchung ausgesetzt, um ein Verdichten (Verfilzen) des Wollmaterials zu erreichen. Als Hilfsmittel verwendete man früher Walkseifen; es waren dies Kali- oder Natronseifen. Heute werden Seifen nur noch für Lodenartikel gebraucht. Sonst verwendet man meistens Alkylsulfate oder Fettsäurekondensationsprodukte, die auch für die saure Walke in Frage kommen. Fettalkohol-, Fettsäureamid- und Nonylphenol-Äthylenoxid-Addukte werden in Verbindung mit anionaktiven Tensiden als Walkmittel eingesetzt.

8.2.5. Bleichen

Um der Faser den erwünschten Weißgrad zu geben, muß man oxidieren oder reduzieren. Die gebräuchlichsten Oxidationsmittel sind Natriumhypochlorit, Natriumchlorit, Chlordioxid, Trichlorisocyanursäure, Wasserstoffperoxid, Peressigsäure, Peroxoborat und Carosche Säure. Als Reduktionsmittel dienen schweflige Säure, Hydrogensulfitlösung und Natriumdithionit. Als Bleichhilfsmittel werden Fettalkoholsulfate, Alkylarylsulfonate, sulfatierte Fettsäurekondensationsprodukte und Alkylphenol-Äthylenoxid-Addukte verwendet [22]. Sie bewirken durch eine bessere Benetzung, daß das Gewebe gleichmäßig gebleicht wird. Natriumdiphosphat oder Fettsäureamide sind Stabilisatoren beim Bleichen mit Wasserstoffperoxid. Eine zusätzliche Aufhellung erzielt man auch durch optische Aufheller (s. Abschnitt 8.1).

8.2.6. Mercerisieren — Laugieren

Mercerisiert und laugiert wird nur Baumwolle. Beim Mercerisieren wird das Gewebe unter Spannung mit ca. 30-proz. Natronlauge behandelt. Um ein besseres Eindringen der Natronlauge zu gewährleisten, setzt man kurzkettige Alkylsulfate und -äthersulfate, z. B. 2-Äthylhexylsulfat oder sulfatiertes Butyldiglykol, Alkansulfonate, Äthylenoxid-Addukte und Phosphorsäureester als Netzmittel ein. Durch das Mercerisieren will man den Oberflächenglanz und die Festigkeit des Garns oder Gewerbes erhöhen.

8.2. Textilhilfsmittel

Durch das Laugieren, das man mit einer ca. 15-proz. Natronlauge durchführt, soll die Farbstoffaffinität der Faser erhöht werden. Im Gegensatz zum Mercerisieren braucht man beim Laugieren das Gewebe nicht zu spannen, da es dabei nicht so stark schrumpft wie beim Mercerisieren. Die hier verwendeten Netzmittel sind etwa die gleichen wie beim Mercerisierungsprozess.

8.2.7. Carbonisieren

Das Carbonisieren dient dazu, Pflanzenteile aus Wolle zu entfernen. Die Fasern werden dabei mit 4- bis 8-proz. Schwefelsäure behandelt, dann abgesaugt oder abgequetscht und im Brennofen bei ca. 100° C weiterbearbeitet. Hierbei verkohlen die pflanzlichen Bestandteile. Damit die Schwefelsäure besser zwischen die Fasern eindringen kann, verwendet man Alkylsulfate, Sulfonate, Fettsäure-, Fettalkoholoder Nonylphenol-Äthylenoxid-Addukte als Netzmittel. Das Carbonisieren wird heute nur noch selten durchgeführt.

8.2.8. Präparieren

Aufgrund der Vorbehandlung kann es angebracht sein, die Fasern für die weitere Verarbeitung zu präparieren. Besonders für das Verspinnen von Stapelfasern, aber auch für die Präparation von Endlosmaterial behandelt man diese mit Mineralölen, die mit einem Emulgator, z. B. Fettalkohol-Äthylenoxid-Addukt, versetzt sind. Durch den Emulgator erreicht man, daß das Mineralöl nach der Behandlung wieder leicht entfernt werden kann. Bei Zellwolle benutzt man vor allem nichtionogene Fettsäurekondensationsprodukte, aber auch Alkylsulfate. Präparationen stehen in engem Zusammenhang mit den Avivagen, die nicht zur Verarbeitung, sondern zur Verbesserung des Aussehens und des Griffs der Textilien eingesetzt werden. Die verwendeten Tensidtypen sind etwa die gleichen wie bei den Präparationen. In gewissen Fällen werden auch kationaktive Produkte gebraucht (s. Textilweichmacher, Abschnitt 8.2.9).

Da vor allem synthetische Fasern dazu neigen, sich elektrisch aufzuladen und sich dann schlecht verspinnen lassen, ist es nötig, ihnen vor dem Verspinnen ein Antistatikum zuzusetzen. Hier verwendet man anionaktive, nichtionogene und auch kationaktive Produkte.

8.2.9. Textilweichmacher

Textilweichmacher gehören zu den Avivagen. Sie wurden früher nur bei der Fertigstellung der Textilware verwendet, um einen flauschigen Griff zu erzeugen. Heute werden sie auch im Haushalt als Wäschenachbehandlungsmittel in starkem Maße eingesetzt [23]. Die Produkte sind meist kationaktiv und ziehen auf die Faser auf.

8.2.10. Textilausrüstung

Viele Textilerzeugnisse unterwirft man zur Erhöhung des Gebrauchswertes und zur Verbesserung des Aussehens aus modischen Gründen noch einer speziellen Hochveredelung oder Ausrüstung mit der Absicht, bestimmte Eigenschaften wie Griffigkeit, Knitterfestigkeit, Glätte, Glanz, Weichheit, Elastizität, Beschwerung, Härte u. a. zu verbessern. Tenside werden hier für die hydrohpile Ausrüstung verwendet, bei der die Faser mit Sulfonaten getränkt wird. Man erhält nach dem Trocknen Stoffe, die sehr saugfähig sind und sich für Verbandwatte oder Verbandstoffe eignen.

Eine hydrophobe Ausrüstung, also eine wasserabstoßende Imprägnierung, erhält man mit feindispersen Paraffinemulsionen in Verbindung mit Aluminium- oder Zirkonium-Salzen. Voraussetzung bei der Imprägnierung ist, daß die Luftdurchlässigkeit des Gewebes erhalten bleibt. Zur Herstellung der Paraffinemulsionen verwendet man Äthylenoxid-Addukte oder anionaktive Tenside. Die verwendeten Tenside sollen nach der für die Ausrüstung erforderlichen thermischen Behandlung möglichst keine Netzwirkung mehr besitzen. Die gleichen Tenside setzt man zur Herstellung von Chlorparaffinemulsionen ein, die man für flammfestmachende Imprägnierungen braucht.

8.2.11. Färben

Für das Färben von Baumwolle verwendet man vorwiegend Küpenfarbstoffe, Naphtholfarbstoffe und Reaktivfarbstoffe. Da Küpenfarbstoffe und teilweise Naphtholfarbstoffe wasserunlöslich sind, benötigt man Tenside, die die Farbstoffpigmente dispergieren, ein besseres Eindringen in die Faser ermöglichen und außerdem für eine gleichmäßge Farbverteilung sorgen. Die Küpenfarbstoffe werden in reduzierter Form auf die Faser aufgebracht und erst auf der Faser entwickelt. Die dadurch erreichten Naßechtheiten sind unübertroffen.

Wolle färbt man mit sauren oder direkt aufziehenden Farbstoffen oder mit Reaktivfarbstoffen. Für Wollfarbstoffe, die sehr schnell aufziehen, benötigt man Produkte, die „bremsend" wirken. Solche Stoffe heißen Egalisiermittel, da sie eine gleichmäßige Farbstoffadsorption gewährleisten sollen. Es kommen hier sowohl anionaktive als auch kationaktive und nichtionogene Tenside zur Verwendung. Die einzelnen Tensidarten sind manchmal für mehrere Wollfarbstoffklassen anwendbar, oft sind sie aber nur für eine Farbstoffklasse geeignet. Vor allem spielt dabei die Farbstoff- oder Faseraffinität eine Rolle. Außerdem dürfen diese Hilfsmittel die Wollfaser nicht schädigen;

8.2. Textilhilfsmittel

Synthetische Fasern werden mit Dispersionsfarbstoffen gefärbt. Sehr wichtig ist hier der Zusatz eines Quellmittels (eines Carriers), der das Eindringen des Farbstoffes in die Faser ermöglichen soll. Carrier, auch Färbebeschleuniger genannt, sind gewöhnlich wasserunlösliche Substanzen. Man braucht daher ein Tensid, das diese Carrier emulgiert, u. a. Alkylphenol-Äthylenoxid-Addukte und Alkansulfonate.

Nach dem Färben wird die Farbware gewöhnlich mit einem Dispergiermittel nachbehandelt, um schlecht fixiertes Farbpigment abzulösen, d. h. die Reibechtheit zu verbessern und die endgültige Farbnuance zu erzielen. Diese Nachbehandlung führt man mit Sulfaten, Sulfonaten und Äthylenoxid-Addukten auf Basis von Fettalkohol, Fettsäure und Fettsäureamiden durch.

8.2.12. Zeugdruck

Für den Zeugdruck verwendet man Emulgatoren, die nicht netzend, sondern verdickend wirken und das Farbpigment dispergieren. Die Druckfarben für das Rollodruckverfahren sollen die Gravour auf den Druckwalzen gut ausfüllen, beim Abrackeln nicht aus der Gravour entfernt werden und sich von der Druckwalze leicht auf das Gewebe übertragen lassen. Ähnliches wird auch beim Filmdruck gefordert. Der Aufdruck auf dem Gewebe darf nicht verlaufen und muß auch den Trockenprozess und eine längere Lagerung ohne Veränderung der Verdickungssubstanz überstehen. Gegenüber Farbstoffen muß die Verdickung indifferent sein.

Verdickungsmittel sind Carboxymethylcellulose, Stärkederivate, Alginate, Glycerinpolyglykoläther oder Polydiolstearinsäureester mit viel freiem Polydiol, die außerdem mit Phosphorsäure verestert sind.

8.2.13. Chemische Reinigung

Bei der chemischen Reinigung werden die Gewebe mit Perchloräthylen, Benzin, Chlorfluorkohlenwasserstoffen oder anderen Lösungsmitteln behandelt. Diese Lösungsmittel haben zwar eine recht gute fettlösende Wirkung, lösen und dispergieren aber weder wasserlösliche Verbindungen, z. B. anorganischen Schmutz, noch unlösliche Pigmente. Sie müssen daher erstens ein wenig Wasser und zweitens ein Dispergiermittel enthalten, das einerseits das Wasser emulgiert und andererseits den Schmutz dispergiert. Als gut wirksame oberflächenaktive Substanzen nimmt man hier meistens Alkylbenzolsulfonate in Form eines in dem betreffenden Lösungsmittel gut löslichem Aminsalzes oder Erdalkalimetallsalze der Alkylbenzolsulfonsäure oder der sauren Alkylphosphate.

Auch Fettsäureester von Zucker und Sulfobernsteinsäureester werden vorgeschlagen [25].

166   8. Technische Anwendung der grenzflächenaktiven Verbindungen

8.2.14. Viskoseherstellung

Grenzflächenaktive Substanzen dienen bei der Verarbeitung von Viskose als Zusatzmittel. Sie sollen die Viskosität erniedrigen und damit ein besseres Filtrieren und Verspinnen ermöglichen. Viskose wird aus Zellstoff hergestellt, der mit Natronlauge zunächst „alkalisiert" und dann mit Schwefelkohlenstoff zum Xanthogenat umgesetzt und damit in eine lösliche Form gebracht wird.

$$\text{Cellulose-O-C} \begin{smallmatrix} \nearrow S \\ \searrow S\text{-Na} \end{smallmatrix}$$

Die Viskose wird nach einem längerem Reifeprozess zu Viskoseschwämmen oder Zellgas weiterverarbeitet oder zu Reyon versponnen.

Als Spinnbadzusatzmittel sind Alkansulfonate, Polyglykoläther-Alkansulfonat-Gemische und auch quartäre Ammoniumverbindungen im Gebrauch. Sie sollen die Verkrustung der Spinndüsen verhindern und die Klarheit des Bades erhöhen. Spinnmassenmittel werden der Viskose erst nach dem Auflösen oder nach dem Entlüften zugegeben. Man verwendet Fettamin-Äthylenoxid-Addukte oder hochsulfatierte und -sulfonierte Fettsäuren und deren Ester, die auch mit Alkansulfonaten vermischt werden. Durch diese Produkte werden die Filtrierbarkeit, die Spinnbarkeit und die Spinngeschwindigkeit der Viskose verbessert. Außerdem kann mit ihnen bei der Herstellung von Zellglas eine Streifigkeit des Fertigproduktes vermieden werden [26–28].

8.3. Lederindustrie

Für die Lederherstellung und -bearbeitung werden Tenside in großem Umfang als Netz- und Reinigungsmittel gebraucht. Hier kommen weniger die anionaktiven Tenside, sondern mehr die nichtionogenen oder die kationaktiven Produkte zum Einsatz, weil die anionaktiven Tenside in der Gerberei an die kationischen Lederproteine gebunden werden und so die Verarbeitung des Leders stören können.

Man verwendet als anionaktive Tenside Sulfonate und Sulfate nur für die „Lickeröle" und für die Kaltfettung des Leders. Beim Färben von Leder sind kationaktive Tenside von Vorteil. Man erzielt hier vor allem mit basischen Farbstoffen gleichmäßige Färbungen [29]. Kationaktive Tenside sind auch in Schuhcremes enthalten. Sie werden vor allem von Chromledern quantitativ gebunden, wodurch Leder mit geschmeidigen und sehr guten hydrophoben Eigenschaften erhalten werden [30].

8.4. Kosmetik

Die synthetischen Waschrohstoffe haben mit der Zeit immer mehr Eingang in die Kosmetik gefunden und die Seife verdrängt. Es werden heute für die Körperreinigung und Körperpflege sowohl anionaktive als auch nichtionogene, kationische und ampholytische Produkte verwendet, wobei die Hautverträglichkeit der verwendeten Produkte eine große Rolle spielt. Eine Übersicht über die Hautverträglichkeit von Tensiden geben Götte [31] und Tronnier [32].

Die von Tronnier aufgestellte Tabelle 27, bei der die hautreizende Wirkung von Natriumlaurylsulfat = 1 gesetzt wurde, zeigt, daß Eiweiß-Fettsäure-Kondensationsprodukte die beste Hautverträglichkeit haben. Die Versuche wurden mit 2-proz- Tensidlösungen ausgeführt.

Tab. 27. Hautverträglichkeit der Tenside bezogen auf Natriumlaurylsulfat = 1 nach Tronnier [32].

Präparat Anion	Kation	Wirkung	Nebenwirkung	Nebenwirkung: Wirkung
n-Alkansulfonat	Na	0,98	1,35	1,42
n-Dodecylbenzolsulfonat	Tris(hydroxymethyl)ammonium	1,04	1,06	1,02
Fettsäuremethyltaurid	Na	0,94	1,11	1,18
Lauryldiglykoläthersulfat	Na	0,90	0,86	0,96
Eiweiß Fettsäure-Kondensat, Mol.-Gew. 900	K	0,88	0,39	0,44
Eiweiß Fettsäure-Kondensat, Mol.-Gew. 750	K	0,92	0,41	0,44
Laurylsulfat	Na	1,00	1,00	1,00

Unter „Wirkung der Tenside" wird die Reinigungswirkung auf die menschliche Haut und die Entfettung von Testanschmutzungen verstanden. Die mit „Nebenwirkung" bezeichneten Werte ergaben sich aus: Reizwirkung am Kaninchenauge, Beeinflussung der Alkalineutralisationsfähigkeit der menschlichen Haut, pH-Wert-Verschiebung und Saccharosehemmung. Aus dem Quotient aus Nebenwirkung und Wirkung ergibt sich der SEF-Wert (side effect factor; das optimale Tensid ergibt den geringsten SEF-Wert). Die in der Kosmetik beliebtesten Produkte sind daher die *Eiweiß-Fettsäure-Kondensationsprodukte* [33]. Sie werden heute u. a. in Badeschampoos eingesetzt [34].

$$C_{17}H_{35}-[CO-NH-\underset{R}{CH}]_n-COONa$$

Diese Produkte sind formal gesehen abgewandelte Seifen. Außer ihrer Hautfreundlichkeit wirken sie in Verbindung mit anderen waschaktiven Substanzen (WAS) als Schutzkolloide.

Zwei andere viel gebrauchte Tensidtypen sind *Fettalkoholsulfat* und *-äthersulfat*, die gut reinigen und Kalkseife dispergieren. Außerdem werden in der Kosmetik z. B. Fettsäurekondensationsprodukte verwendet, die eine Sulfonatgruppe enthalten. Hier sind *Tauride* (Igepon A)

$$R-CO-NH-CH_2-CH_2-SO_3Na$$

und *Methyltauride* (Igepon T)

$$R-CO-\underset{CH_3}{N}-CH_2-CH_2-SO_3Na$$

zu erwähnen, die aber im Gegensatz zur Seife sehr entfettend wirken.

Das gleiche gilt für *Alkylbenzolsulfonate*.

Die *nichtionogenen Tenside* nehmen in der Kosmetik einen breiten Raum ein. Vor allem spielen Fettalkohol-Äthylenoxid-Addukte sowie Polyäthylenglykolester eine große Rolle für die Herstellung von Shampoos. Die Alkylphenol-Äthylenoxid-Addukte treten demgegenüber etwas zurück. Infolge ihrer guten Dispergierwirkung sind Äthylenoxid-Addukte bei der Herstellung von Stückseife wichtig, da sie die Seife homogenisieren und Mängel wie Rißsprödigkeit, Schuppenbildung und ungenügenden Glanz beseitigen. Auch Hydroxyalkyl-fettsäureamide werden für die Seifenherstellung verwendet; sie sollen ein Nachdunkeln der Seife verhindern. Geringe Mengen Hydroxyäthyl-laurinsäureamid tragen zu einem besseren Schäumen der Seife bei. Sie sind auch zur Verminderung des Abriebs und der Versumpfung wichtig.

8.4. Kosmetik

Lippenstifte enthalten Äthylenoxid-Addukte und Hydroxyalkyl-fettsäureamide zur Erzielung einer guten Farbverteilung [35].

Die *Hydroxyalkyl-fettsäureamide* und deren Äthylenoxid-Addukte werden als rückfettende Komponente den Körperreinigungsmitteln zugefügt [36]. Die Hydroxyalkyl-fettsäureamide sind außerdem brauchbare Verdickungsmittel und Schaumstabilisatoren für Shampoos, Emulgatoren und Haarkonditioniermittel [37]. Die Äthylenoxid-Addukte dieser Verbindungen sind Bestandteile von Kindershampoos. Ein Hydroxypropyl-fettsäureamid wird neben Fettsäuremetallsalzen (Zn, Mg, Al) in Haarshampoos zur Erzeugung eines Perlmutteffektes verwendet.

Ebenfalls schaumstabilisierend wirken die *Aminoxide*. Sie erteilen Haarshampoos eine antistatische Wirkung und verhindern so das Auffliegen des Haares nach dem Waschen.

In den USA kamen vor einigen Jahren *Zuckerester,* die man aus Zucker und Fettsäuren herstellt, auf den Markt. Diese Produkte haben aber nach anfänglichen Erfolgen heute keine Bedeutung mehr. In Europa waren die Zuckerester noch kaum von Interesse, da ihre Wirkung als grenzflächenaktive Substanz nicht in einem angemessenen Verhältnis zu ihrem Preis steht. Sie reinigen schlechter als die Sulfonate und hydrolysieren sehr leicht, haben jedoch den Vorteil, daß sie bei oraler Aufnahme in den menschlichen Körper völlig harmlos sind, die Haut nicht reizen und sich biologisch leicht abbauen lassen. Sie werden daher in geringem Maße in Hautcremes, Lippenstiften, Kindershampoos, Zahnpasten, Rasiercremes, Make up und in Synthetseifen verarbeitet [38, 39].

In neuerer Zeit haben sich auch die *Sulfobernsteinsäurehalbester* in die Kosmetik eingeführt [40]. Obwohl die Produkte schon seit Mitte der dreißiger Jahre bekannt sind [41], finden sie erst jetzt, nachdem billigere Rohstoffquellen zur Verfügung stehen, größeres Interesse.

$$ROOC-\overset{\overset{\displaystyle SO_3Na}{|}}{CH}-CH_2-COONa$$

R = Alkylrest (R^1) eines Fettalkohols (R^1OH)   oder
$R^1-O-(CH_2-CH_2-O)_n-$ oder
$R^1-CO-\underset{H}{N}-CH_2-CH_2-O-$ oder
$R^1-CO-\underset{H}{N}-(CH_2-CH_2-O)_n-$

Die Sulfobernsteinsäureester, besonders Dinatrium-3-sulfonato- undecenoylaminoäthyl-succinat, werden heute in den USA für Haarshampoos verwendet [42].

Zum Desinfizieren braucht man in der Kosmetik *kationaktive Tenside*. Voraussetzung ist hier aber, daß keine Seife oder andere anionaktive Verbindungen vorhanden sind, da sonst die bakterizide Wirkung verloren geht. Kationaktive Tenside verwendet man vor allem in Gesichtscremes, Haarwaschmitteln, Mundwässern und Zahnpasten.

Zur Bekämpfung von Karies und Paradontose sollen kationaktive Tenside in Form ihrer Fluoride dienen.

Zur Stabilisierung von Parfümölen, die mit Wasser gemischt werden, verwendet man meist Äthylenoxid-Addukte als Emulgatoren.

In neuester Zeit treten auch *Amphotenside* immer mehr in Erscheinung. Sie sollen sehr hautfreundlich sein [43].

8.5. Kunststoffindustrie

Bei der Herstellung von Kunststoff-Dispersionen haben die oberflächenaktiven Substanzen eine große Bedeutung. Man kann durch Wahl der Emulgatoren, durch ihre Menge und die Art der Zugabe, die Größe der Latexteilchen variieren. Sie liegt zwischen 0,03 und 2 μm. Auch die technologischen Eigenschaften, z. B. die Stabilität gegen Koagulation, hängen von den Emulgatoren ab. Bei der Emulsionspolymerisation wird ein polymerisierbares, wenig lösliches Monomer-Produkt in Wasser emulgiert. Die Polymerisation erfolgt nicht in den Monomertröpfchen, sondern in der wässrigen Phase in den von den Tensiden dispergierten und umhüllten Teilchen. Man erhält dadurch viel kleinere Teilchen als bei der normalen Polymerisation. Die Polymerisation selbst wird durch wasserlösliche, in Radikale zerfallende Initiatoren ausgelöst [44].

An grenzflächenaktiven Substanzen werden in der Emulsionspolymerisation verwendet:
1. **Anionaktive Tenside.** Seifen, Alkylsulfate, Alkansulfonate, Alkylarylsulfonate.
2. **Kationaktive Tenside.** Aminsalze, quartäre Ammonium- und Pyridiniumsalze.
3. **nichtionogene Tenside.** Äthylenoxid-Addukte
4. **Schutzkolloide.** wasserlösliche hochmolekulare Substanzen wie Polyvinylacetat, Polyvinylpyrrolidon, Carboxymethylcellulose.

Von den Emulgatoren wird gefordert, daß sie eine feinteilige, stabile Monomerenemulsion geben und eine große Anzahl von Micellen bilden. Der entstehenden Latex muß stabil sein gegen Koagulieren, Sedimentieren und Aufrahmen. Die Emulgatoren dürfen mit den Reaktionspartnern nicht unerwünscht reagieren und die Polymerisation nicht inhibieren oder verzögern. Auch die anwendungstechnischen

8.5. Kunststoffindustrie

Eigenschaften des entstehenden Latex, z. B. Verstreichbarkeit, Wasseraufnahme, Farbe und Haftung, dürfen nicht verändert werden.

Eine niedrige kritische Micellkonzentration ist erwünscht, da so bei größerer Emulgatorzugabe die meisten Micellen und damit auch die meisten Latexteilchen entstehen. Mit nichtionogenen Tensiden bilden sich größere Latexteilchen, die aber unempfindlich gegen Elektrolyte, pH- Änderungen und Einfrieren sind.

Bei der Polymerisation von wasserfreiem monomeren Formaldehyd werden als Initiatoren Di- oder Trialkyl-fettalkyl-ammonium- und -phosphoniumchlorid, -bromid und -acetat empfohlen [45]. Für die Herstellung von Latex-Farben werden die Tenside aus den entstandenen Polymerisaten vor der Verarbeitung meist nicht mehr abgetrennt.

Als Vulkanisationsbeschleuniger werden kationaktive Tenside vorgeschlagen. Sie bewirken auch bei der Herstellung glasfaserverstärkter Kunststoffe eine bessere Haftung des Polyesters auf der Glasfaser.

Auch für die Lackindustrie haben Tenside großes Interesse. Zum Öllöslichmachen von Pigmenten, dem „Flushen", versetzt man die Pigmente mit grenzflächenaktiven Substanzen. Die Pigmente können dann sofort mit Öl angerieben werden. Ihre Farbstärke und Ausgiebigkeit sollen höher als bei normal bearbeiteten Pigmenten sein. Man verwendet hierzu meist kationaktive Verbindungen. Ähnliche Effekte erzielt man auch bei der Zugabe kationaktiver Tenside zu Öl, Lack oder Druckfarben vor dem Gebrauch. Hier werden vor allem Oleate von fettalkylsubstituierten Diaminen verwendet. Durch Zugabe solcher Produkte wird die Sedimentierung verzögert und eine gewisse Stabilität gegen Frost erzeugt. Wichtig sind diese Produkte auch für Rostschutzanstriche. Zum Verdicken von Lacken werden Fettsäureamid-Derivate verwendet, die trotz der Verdickung ein besseres Verstreichen gestatten. Für Einbrennlacke benutzt man kationische, perfluorierte Verbindungen (s. a. [46]).

Das Bedrucken und Färben von Polyäthylenformkörpern mit kationischen Farbstoffen läßt sich mit Sulfocarbonsäuren wie α-Sulfostearin-, -palmitin-, -laurin- und -carpronsäure durchführen [47]. Grenzflächenaktive Substanzen verwendet man auch, um eine statische Auflading von Filmen und Folien weitgehend zu verhindern.

Tenside werden ferner zur Herstellung von Latex-Schäumen eingesetzt. Der Latex wird mit dem Tensid vermischt und dann mit Luft geschäumt. Als Schäumer kommen meistens Kaliseifen, z. B. Kaliumoleat, in frage. Für die Teppichrückenbeschichtung werden oberflächenaktive Substanzen für den gleichmäßigen Verlauf und das bessere Eindringen des Kunststoffes in die Teppichoberfläche benötigt. Hier verwendet man Alkylbenzolsulfonate sowie Alkylphenol- und Fettalkohol-Äthylenoxid-Addukte.

8.6. Metallbearbeitung

In der Metallbearbeitung haben oberflächenaktive Substanzen ein breites Anwendungsgebiet. Für die spanabhebende Verarbeitung benötigt man *Bohr-, Schneid- und Schleiföle*. Diese Öle sind meist Gemische aus Petroleumsulfonaten mit anionaktiven und nichtionogenen Emulgatoren oder aus Aminseifen mit Mineralöl.

Für Walz- und Ziehöle setzt man meistens nichtionogene Produkte ein, die aschefrei sein sollen und restlos verdampfen müssen. Zum Kaltwalzen verwendet man Mineralölemulsionen, die mit nichtionogenen Produkten vermischt sind.

Zum Abschrecken von zu härtenden Metallteilen setzt man den „Härteölen" geringe Mengen Fettalkohol- oder Alkylphenol-Äthylenoxid-Addukte zu.

Einfettöle, die das Metall vor der Weiterverarbeitung vor Korrosion schützen sollen, sind meist Mineralölemulsionen mit anionaktiven Emulgatoren. Diese Öle lassen sich vor der Weiterverarbeitung wieder gut entfernen.

Polierpasten bestehen aus Schleifmitteln, Mineralölemulsionen und sonstigen Zusätzen, die mit nichtionogenen Emulgatoren geschmeidig gemacht werden.

Nichtionogene Tenside verwendet man auch als Formentrennmittel in Gießereien. Sie müssen hitzebeständig sein, werden meist in Mineralölen gelöst und sollen die Form gleichmäßig überziehen und damit ein gutes Trennen vom gegossenen Werkstück gewährleisten.

Außerdem verwendet man grenzflächenaktive Substanzen für die Metalltrocknung. Die hier eingesetzten anionaktiven Tenside sollen das Wasser auf dem Metall unterwandern und so zum Abperlen bringen. Die Metallteile werden dann mit Preßluft abgeblasen und getrocknet.

Zur Metallreinigung benötigt man lösungsmittel- oder wasserhaltige Reiniger.

Die wässrigen Reiniger sind stark alkalisch und auf Trinatriumphosphat, Metasilicat, Soda, Natronlauge u. a. aufgebaut. Als grenzflächenaktive Komponente verwendet man Alkylphenol- oder quartäre Fettamin-Äthylenoxid-Addukte. Die lösungsmittelhaltigen Reiniger, die meist aus Testbenzin, Petroleum, Perchlor- oder Trichloräthylen bestehen, enthalten anionaktive Produkte als grenzflächenaktive Komponente [48].

8.7. Galvanotechnik

Auch in der Galvanotechnik spielen oberflächenaktive Substanzen eine Rolle. Man unterscheidet hier zwei Einsatzgebiete: die Reinigung der Metalloberflächen vor dem elektrolytischen Prozess und die Verwendung in Galvanisierbädern, wo sie als Einebnungs- und Glanzmittel dienen. Die Netzmittel in galvanischen Bädern beeinflussen infolge Belegung der Phasengrenzflächen die elektrochemischen Reaktionen. Sie dienen sowohl als Inhibitoren als auch als Beschleuniger. Bei Einebnungs- und Glanzmitteln sollen sich die grenzflächenaktiven Substanzen an die hervorstehenden Kristallteile der Metalloberfläche anlagern, das Weiterwachsen der Metallkristalle an diesen Stellen inhibieren und damit das Wachstum an den tieferen Stellen begünstigen [49].

Wenn sich bei der Elektrolyse Wasserstoff abscheidet, so setzen sich an der Kathode Gasbläschen fest, die zu einer unerwünschten Porenbildung führen. Durch Netzmittel läßt sich eine Porenbildung vermeiden. Die benötigten Mengen sind sehr gering.

8.7.1. Entfetten, Reinigen, Beizen

Zum Entfetten und Reinigen von Metalloberflächen werden entweder wässrige Lösungen mit Emulgatoren und Netzmitteln oder Lösungsmittel wie Perchloräthylen oder Trichloräthylen verwendet. Netzmittel dafür sind Alkansulfonate, Alkylbenzolsulfonate, Fettalkoholsulfate oder Fettamin-Äthylenoxid-Addukte. Auch Beizen enthalten vorteilhaft ein Netzmittel, da das Beizgut dadurch besser und schneller benetzt wird [50].

8.7.2. Netzmittel in Galvanisierbädern

Die Netzmittel sollen die Rauhigkeit vermindern, für eine rasche Entbindung der Wasserstoffbläschen an der Kathode sorgen und damit die Porenbildung weitgehend verhindern. Als Netzmittel für saure Kupferbäder dienen Fettalkohol-Äthylenoxid-Addukte oder Fettalkoholäthersulfate. In luftbetriebenen Kupferbädern sind diese Produkte wegen ihrer starken Schaumentwicklung ungeeignet, so daß man hier keine Netzmittel, sondern Polyäthylenglykol mit Molekulargewichten von 600–10 000 oder Polypropylenglykol benutzt.

Als Netzmittel in Nickelbädern verwendet man hauptsächlich Natriumdodecylsulfat. Für luftbetriebene Bäder werden hier kurzkettige, verzweigte Tenside, insbesondere Alkylsulfosuccinate, eingesetzt.

Im allgemeinen hängt die Wahl der Netzmittel vom niederzuschlagenden Metall ab, wobei die Zahl der brauchbaren Tenside sehr gering ist [51].

8.8. Flotation

Besonders eindrucksvoll ist die Wirkung der grenzflächenaktiven Substanzen bei der Flotation. Schon Mengen von 20–100 g der Tenside genügen, um in 3 t Wasser 1 t Roherz aufzuarbeiten. Die Flotation erstreckte sich früher nur auf die Aufbereitung von Erzen. Heute werden nicht nur Erze, sondern auch andere Produkte wie Phosphorit, Schwerspat, Flußspat, Feldspat, Ilmenit ($FeTiO_3$), Glimmer, Talk, Tonerde und Quarzssand flotiert. In der Zementindustrie dient die Flotation zur Einstellung des SiO_2 : CaO : Al_2O_3-Verhältnisses. Weitere Anwendungsgebiete sind: Gewinnung von Silber aus verbrauchten photographischen Bädern, Wiederaufbereitung von Zeitungspapier (s. Abschnitt 8.10) Gewinnung von Mutterkorn für die Herstellung von Ergotoxin, Ergotamin und Tyramin u. a. [52].

Man unterscheidet bei den zur Flotation verwendeten chemischen Mitteln zwischen Sammler und Schäumer. Sammler haben die Aufgabe, die Erzteilchen zu umhüllen und wasserabstoßend zu machen. Schäumer sollen die hydrophoben Teilchen mit Gasblasen bedecken und an die Oberfläche tragen.

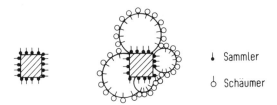

Abb. 63. Schema der Flotation.

Das aufzubereitende Gut wird dazu sehr fein gemahlen (Korngröße unter 0,2 mm) und in der dreifachen Menge Wasser suspendiert. Dann wird der pH-Wert eingestellt und der Sammler zugegeben, der sich nur an das Erz und nicht an das taube Gestein anlagert.

Durch die eingeblasene Luft werden die hydrophobierten Erzteilchen nach oben getragen und mit dem Schaum abgezogen, während das taube Gestein unten abgelassen wird. Der Vorgang kann mehrmals bis zur gewünschten Anreicherung wiederholt werden. Falls der Sammler nicht gleichzeitig Schäumereigenschaften hat, werden zur Stabilisierung der Luftblasen und zur Erzeugung eines guten Flotationsschaumes Schaumreagentien zugesetzt.

Bei der Flotation von Erzen sind die Sammler je nach Art des Erzes verschieden.

Die Flotation von oxidischen Erzen benötigt Sammler mit langer C-Kette wie Oleat, Palmitat, Stearat, Alkylsulfat, Alkansulfonat und Fettamine. Sulfidische Erze werden mit kurzkettigen Dithioverbindungen flotiert. Hier werden in erster Linie Xanthogenate (1) oder auch Dithiophosphate *(2)* und Dithiocarbamte *(3)* verwendet.

$$\underset{(1)}{R-O-C\underset{S^{\ominus}}{\overset{S}{\diagup\!\!\!\diagdown}}\,M^{\oplus}} \qquad \underset{(2)}{\underset{R^2-O}{\overset{R^1-O}{\diagdown}}P\underset{S^{\ominus}}{\overset{S}{\diagup\!\!\!\diagdown}}\,M^{\oplus}} \qquad \underset{(3)}{\underset{R^2}{\overset{R^1}{\diagdown}}N-C\underset{S^{\ominus}}{\overset{S}{\diagup\!\!\!\diagdown}}\,M^{\oplus}}$$

$R, R^1, R^2 = C_2H_5, C_4H_9$ oder C_5H_{11}, $M^{\oplus}$ = vorwiegend $K^{\oplus}$

Die beiden letztgenannten Sammler treten infolge ihres hohen Preises gegenüber dem Xanthogenat etwas zurück.

Kationtenside sind Emulgatoren z. B. für die Zinkspatflotation (53) und für die Flotation von Quarz (54).

Alkylphosphate und Alkylbenzolphosphonate sind Sammler für die Flotation von Zinnstein (55). Auch die Anwesenheit von Luftsauerstoff spielt bei der Flotation mit Xanthogenat eine große Rolle. Neuere Forschungen haben gezeigt, daß das Xanthogenat selbst nicht zur Hydrophobierung von Erzteilchen ausreicht. Der wirksame Sammler ist vielmehr das durch Oxidation mit Luftsauerstoff gebildete Dixanthogenat (56).

Die Schäumer in der Flotation entwickeln beim Einblasen von Luft den Schaum, der die Erzteilchen an die Oberfläche trägt. Viele Sammler sind gleichzeitig Schäumer. Eine Regelung erzielt man mit Terpenalkoholen. Man zählt daher nicht nur die Alkylsulfate und C_7– bis C_{10}–Fettalkohole, sondern auch Terpenderivate wie Pine Oil, Terpineol und Eukalyptusöl sowie Phenol, Kresol und Holzteeröl zu den Schäumern.

Eine Untersuchung von *Plaksin* (57) über die Xanthogenatflotation sulfidischer Erze mit Alkylarensulfonaten ergab die beste Schäumerwirkung bei einer Alkylkettenlänge von 5–11 C-Atomen. Verzweigte C_{11}– und C_{12}–Alkylarensulfonate waren besser als geradkettige Sulfonate, dialkylsubstituierte Sulfonate besser als monoalkylsubstituierte.

8.9. Korrosion und Metallschutz, Schmieröle, Erdöl (58–60)

Um Metalle gegen Korrosion zu schützen, werden heute große Summen ausgegeben. Man kann einen Schutz durch Verchromen, Vernickeln, Phosphatieren und viele andere Methoden erreichen. Eine der wichtigsten Methoden ist das Behandeln der

Metalloberflächen mit Öl und anderen organischen Stoffen wie Inhibitoren oder mit Gemischen von Öl und Inhibitoren. Inhibitoren sind grenzflächenaktive Substanzen, die infolge ihrer besonderen Eigenschaften die Metalloberfläche überziehen. Es sind dies z. B. Hydroxyalkyl-fettsäureamide, Fettsäuren, deren Ester und Metallsalze, Petroleumsulfonat, Natriumdodecylsulfat, Nonylphenol-Äthylenoxid-Addukt p-Nonylphenoxyessigsäure u. a. Silberwaren sollen durch Inhibierung mit Fettaminsalzen vor Anlaufen geschützt sein.

In der Erdölchemie werden grenzflächenaktive Substanzen in großen Mengen gebraucht. Schon bei der Gewinnung des Erdöls benötigt man Tenside. Das Erdöl tritt oft als eine mit mehr oder weniger großen Mengen Salzwasser vermischte Emulsion an die Oberfläche, da es selbst grenzflächenaktive Substanzen enthält. Zur Weiterverarbeitung und zum Transport durch Pipelines oder in Tankern muß diese W/O-Emulsion (Wasser in Öl) gebrochen werden. Man vermeidet so Störungen durch Schäumen und erniedrigt die Transportkosten. Die Trennung solcher Emulsionen von Wasser erfolgt heute durch „Dismulgatoren". Es sind dies z. B. alle Emulgatoren, die O/W-Emulsionen (Öl in Wasser) ergeben, z. B. sulfoniertes Mineralöl, Sulfate, Sulfonate, Ammoniumnaphthenat, Natriumoleat, N-tetralkylsubstituierte Alkylendiamine u. a. Da sich W/O- und O/W-Emulgatoren gegenseitig aus der Emulsion verdrängen, wird die Emulsion gebrochen (61, 62).

Emulgatoren werden im Erdöl auch als korrosionsinhibierende Substanzen verwendet, die auf den mit Ölen beschickten Rohrleitungen und Lagertanks einen rostschützenden Überzug bilden, aber auch das in den Ölen vorhandene Wasser emulgieren sollen. Sie dienen zum Schutz von Rohrleitungen und Lagerbehältern. Die Lebensdauer von Crackanlagen soll durch diese grenzflächenaktiven Substanzen erhöht werden. Man verwendet Fettsäuren oder fettsaure Salze der Fettamine (63).

Die Verdrängung von Erdöl aus dem Gestein geschieht oft mit Wasser, dem „Injektionswasser", das in die Bohrlöcher gedrückt wird, unter Zusatz grenzflächenaktiver Substanzen. Die Tenside erhöhen die Eindringtiefe des Injektionswassers und steigern den Entölungsgrad. Mit nichtionogenen Produkten, z. B. Fettamin-, Fettsäureamid-, Fettsäure- sowie Nonylphenol-Äthylenoxid-Addukten erzielte man die besten Erfolge.

Eine geringere Wirkung zeigen Alkylsulfate, Alkansulfonate, Alkylarensulfonate und kationaktive Produkte. Die ionogenen Produkte sind außerdem in salzhaltigem Wasser unbeständig (62, 64–66).

Auch die beim Bohren verwendeten Bohrhilfsmittel enthalten grenzflächenaktive Substanzen. Zur Durchdringung von Kalkgestein hilft man meist mit Säuren, z. B.

Salzsäuren, nach. Zum Schutz des Bohrgestänges und des Bohrers gegen den Angriff der Salzsäure setzt man Alkylbenzolsulfonate oder quartäre Ammoniumverbindungen zu, die inhibierend wirken sollen.

Durch die gesteigerten Anforderungen der Technik werden heute immer mehr hochwertige Schmieröle verlangt, für die ebenfalls oberflächenaktive Substanzen eingesetzt werden. Die Öle für Kraftfahrzeuge enthalten eine geringe Menge eines Tensides, das eine bessere Benetzung der zu schmierenden Metallteile gewährleisten soll, aber auch das eventuell ins Öl gelangende Wasser emulgiert und Koksablagerungen in Zylindern, die durch Oxidation, Pyrolyse oder Polymerisation entstehen können, verhindert. Neben Sulfonaten werden schwefel- und phosphorhaltige Produkte wie Zinkalkyl- und -aryl-dithiophosphate, Alkylarensulfonamide u. a. verwendet. Konsistente Schmierfette wie Staufferfett und ähnliche enthalten Erdalkalimetall-, Alkalimetall-, Aluminium- und Bleiseifen von Fett- und Sulfonsäuren.

8.10. Papierindustrie

Bei der Zellstoffgewinnung aus Holz werden nichtionogene Tenside heute schon in größerem Umfange verwendet. Sie dienen zur besseren Entfernung von Lignin und Harzen bei der Zellstoffkochung. Beim Aufarbeiten von Altpapier sollen sie Farben und anhaftende Kunststoffschichten aus dem Papierbrei lösen; Rußteilchen lassen sich durch Flotation entfernen. Bei der Papierherstellung werden die Tenside für eine gleichmäßige Faserverteilung eingesetzt und vor allem, um die Saugfähigkeit von Druckpapieren zu erhöhen. Auch für die heute viel verwendeten veredelten Papiersorten, die Streichpapiere, werden sie für die Dispergierung der Streichpigmente gebraucht.

Durch Aufsprühen von quartären Ammoniumverbindungen auf Papier erhält man antistatische Papiersorten. Auch elektrisch leitfähige Papiere werden unter Verwendung kationaktiver Tenside hergestellt. Um die Saugfähigkeit von Bierdeckeln zu erhöhen verwendet man z. B. Sulfonate (s. a. (67)).

8.11. Klebstoffe

In Klebstoffen werden alle Arten moderner Netzmittel verwendet. Mit dem Netzmittel und Penetrationsmittel will man ein schnelleres Eindringen der Klebstoffe in Papier, Holz und andere Materialien sowie eine größere Spreitung auf den zu leimenden Flächen erzielen. Im allgemeinen versetzt man nur wässrige Klebstoffe mit Netzmitteln, da organische Lösungsmittel ohnehin eine niedrigere Oberflächenspannung haben. Es genügen meist Zusätze von einigen Promille Netzmittel. Es ist jedoch darauf zu achten, daß nicht die Haftfähigkeit des Leimes leidet (68).

Für Kautschukklebstoffe gilt die Regel, daß man anionaktive Tenside für anionische Latices und kationaktive für kationische Latices einsetzt. Hält man diese Regel nicht ein so können sich die Eigenschaften des Leims verschlechtern. Am besten verwendet man nichtionogene Produkte vom Typ der Alkylphenol- und der Fettalkohol-Äthylenoxid-Addukte, die für beide Latextypen verwendbar sind.

Für wasserlösliche Klebstoffe sind ionogene Tenside ebenfalls am geeignetsten. Hier achtet man darauf, daß sie gleichzeitig fungizid, also konservierend wirken.

Für Vinylharzkleber werden Alkylphenoläthersulfate, Fettalkoholsulfate und -äthersulfate oder auch Poly-Propylenglykol-Äthylenglykol-Verbindungen vorgeschlagen. In Polyvinylalkoholklebern verarbeitet man Sulfobernsteinsäureester, z. B. Sulfobernsteinsäure-dioctylester, Natriumtetradecylsulfat, Alkylbenzolsulfonat und Nonylphenol-Äthylenoxid-Addukt (69).

8.12. Pflanzenschutz, Schädlingsbekämpfung und Landwirtschaft

Zum Verhindern des Zusammenbackens von Mineraldünger und zur besseren Benetzbarkeit des Düngers auf dem Boden verwendet man sehr verdünnte Lösungen von Alkylbenzolsulfonaten oder Kationtensiden, mit denen der Dünger in Mischern oder im Wirbelschichtverfahren übersprüht wird (70).

In Pflanzenschutzmitteln erzielt man durch Beigabe von Tensiden eine bessere Benetzung der Pflanzenteile mit den bakteriziden, germiziden und fungiziden Wirkstoffen. Man empfiehlt hier vor allem Sulfonate, Äthylenoxid-Addukte und Fettsäuren sowie prim., sek. und tert. Amine (71). Kationaktive Verbindungen haben meist selbst eine bakterizide und fungizide Wirkung und sind in vielen Pflanzenschutzmitteln enthalten.

Für die Milchkannenreinigung haben sich kationaktive Substanzen bewährt, da hier großer Wert auf völlige Keimfreiheit gelegt werden muß. Man geht heute dazu über, auch die für den menschlichen Gebrauch gedachten Pflanzen (Gemüse, Gurken u. ä.) mit Tensiden zu übersprühen, um eine Anfälligkeit gegen Bakterienbefall und Pilze zu vermeiden. Für die Reinigung von Obst und Gemüse wurden Fettsäurezuckerester vorgeschlagen (72). Neuerdings werden dafür auch Amphotenside, die unter dem Namen „Tego-Betaine" auf dem Markt sind, empfohlen.

8.13. Lebensmittel

Für Lebensmittel werden außer Mono- und Diglyceriden von C_{14}- bis C_{18}-Fettsäuren kaum andere grenzflächenaktive Substanzen verwendet, da man nur von den Glyceriden weiß, daß sie im Körper abgebaut werden und keine Schädigungen hervorrufen. Auch die Laurinsäure darf als Fettsäurebasis aus ernährungsphysiologischen Gründen nicht verwendet werden. Ebenso dürfen Diglyceride nur im Gemisch mit Monoglyceriden angewendet werden. Allenfalls könnten die neu entwickelten Zuckerester Aussicht haben, in der Lebensmittelchemie Fuß zu fassen (73). Auch die Fettsäureester-Äthylenoxid-Addukte wären als Lebensmittelemulgatoren interessant, sind aber ebenfalls noch zu wenig erforscht (74).

Zur Herstellung von Margarine werden W/O-Emulgatoren verwendet, um dem Produkt eine butterähnliche Konsistenz zu geben. Früher benutzte man Eigelb, Lecithin oder Milch. Heute sind auch Glyceride, z. B. Glycerin-mono- und -distearat, von Interesse. Als Emulgator für Margarine, Backfette und Speiseeis werden auch die Fettsäuremonoglycerinester mit Weinsäure, Äpfelsäure und Citronensäure verestert. Die Monoester braucht man außerdem für Kaffee-, Ei-, Kakao- und Milchpulver zur Erhöhung der Benetzbarkeit, also zur Erhöhung der Löslichkeit in Wasser.

Schon seit vielen Jahren werden zum Backen von Brot und Backwaren Mono- und Diglyceride als Emulgatoren benutzt. Man erreicht damit eine Verzögerung des Altbackenwerdens, eine Verbesserung der Porenbildung und eine bessere Verarbeitbarkeit des Teiges. Man nahm zunächst an, daß dies durch eine gleichmäßige Verteilung des Fettes in den Backwaren erzielt wird, was in geringem Maße auch der Fall ist. *Ludwig* und *Gakenheimer* (75) zeigten aber, daß die Emulgatoren vielmehr die Koacervierung der gequollenen Stärke – d. h., eine Trennung der in kolloidaler Form vorliegenden Bestandteile Amylose und Amylopektin – verzögern.

Zum Backen von Kuchen sind Mono- und Diglyceride schon seit Beginn der dreißiger Jahre im Gebrauch. Andere Tenside sind nur in wenigen Ländern zugelassen. In der Literatur werden genannt: Cetylbetainchlorid und Cholesterylbetainchlorid, Propylenglykolmonostearat und -behenat, Zuckerester, Sorbitanfettsäureester, Dodecylglyceryläthersulfat, Monostearylphosphat, Glyceryllactopalmitat sowie Sorbitanmonostearatpolyglykoläther (76).

Tenside spielen im Bereich der Lebensmittelchemie heute auch noch auf vielen anderen Gebieten eine Rolle. So werden z. B. Emulgatoren für Kuchenfüll- und -überzugsmassen, für Schokolade, zur Stabilisierung von Mayonnaise, zur Verhinderung der Klebrigkeit von Weichkaramellen, für Nougat, Marzipan, Fondant und als Klärmittel für Fruchtsäfte eingesetzt (74). Auf die Verwendung zum Reinigen und Haltbarmachen von Obst und Gemüse wurde schon hingewiesen.

8.14. Photoindustrie

Um bei der Herstellung photographischer Filme und Papiere ebene Schichten zu erhalten, ist es erforderlich, eine oberflächenaktive Substanz einzusetzen, die ein gleichmäßiges Verlaufen der lichtempfindlichen Emulsionen gewährleistet. Für diese Zwecke werden vor allem nichtionogene Verbindungen wie Alkylphenol-Äthylenoxid-Addukte, aber auch anionische Tenside, z. B. Alkenylbernsteinsäurehalbester, verwendet.

8.15. Desinfektion

Schon die Seife hat gewisse desinfizierende Eigenschaften. Man zieht jedoch heute kationaktive Tenside vor. So wird schon seit langem das Dimethyldodecylbenzylammoniumchlorid unter den verschiedensten Handelsnamen im Krankenhaus und im Operationssaal eingesetzt.

Der Vorteil der Kationtenside gegenüber anderen Desinfektionsmitteln wie Phenolen, chloriertem Hydantoin, Cyanursäure oder N-Chlor-toluolsulfonamid (Chloramin T) ist ihre Geruchlosigkeit und ihre Adsorption an Bakterien. Die Kationtenside sind gut hautverträglich, kaum toxisch und unempfindlich gegen Wasserhärte. In Kombination mit amphoteren Tensiden sind sie in der Human- und Tiermedizin von Interesse. Sie dienen für desinfizierende Badezusätze und Waschmittel und werden auch für die Desinfektion von Schwimmbädern verwendet. Kationaktive Produkte wirken in Mundwässern und Zahnpasten desinfizierend und spielen als Mittel gegen Parodontose und Karies eine Rolle (30).

In der Medizin werden Kationtenside als Invertseifen bei Hauterkrankungen zur Körperreinigung angewendet. Für Suppositorien verwendet man Glycerinmono- und -dioleat.

8.16. Bauhilfsstoffe − Bergbau

Um die Haftfestigkeit der Bautenschutzmittel, z. B. Asphalt, Bitumen oder Teerlösungen, besonders an saurem Gestein, z. B. Granit, zu erhöhen, setzt man diesen vor allem kationaktive Ammoniumsalze und quartäre Ammoniumverbindungen zu. Sie ziehen fest auf saures Gestein auf und bilden hydrophobe Grenzflächenschichten. An der Steinoberfläche findet ein Ladungsausgleich statt, der zum Zusammenbrechen der Emulsion führt, so daß sie vom Regen nicht mehr abgewaschen

8.16. Bauhilfsstoffe – Bergbau

wird. Kationtenside haften daher auf saurem Gestein, das negativ geladen ist, bedeutend besser als Aniontenside. Weiterhin eignen sich kationaktive Produkte zur Herstellung von Kaltbitumina, die gegen Wasserhärte beständig sind.

Im Straßenbau verwendet man alkylsubstituierte Di- und Polyamine als Ammoniumsalze zur besseren Verarbeitbarkeit der Asphalt- und Teerprodukte. Es kommen hier zum Einsatz: Derivate von Äthylendiamin, Diäthylentriamin, Trimethylendiamin und Ammoniumsalze acylierter Trimethylendiamine (30).

Diese Amine werden mit anorganischen oder organischen Säuren, z. B. Ölsäure, zu Ammoniumsalzen umgesetzt und als solche in den Straßenteer eingearbeitet. Auch zur Verfestigung feinkörniger Böden verwendet man Tenside. Man sucht z. B. die kapillare Wassersaugfähigkeit durch Imidazolinderivate zu vermindern (77, 78).

Auch für die Herstellung von Beton und Kalkmörtel sind grenzflächenaktive Substanzen sehr wichtig. Sie dienen sowohl als Abbindeverzögerer als auch als Luftporenbildner und ermöglichen es, beim Anrühren des Zements mit weniger Wasser auszukommen und somit eine größere Festigkeit des fertigen Betons zu erzielen. Sehr wichtig ist ein geringerer Wasserverbrauch bei der Herstellung von Kalksteinen, die nach der Formung im Ofen gebrannt werden, da man hierdurch die Gefahr eines Rissigwerdens der Steine vermeidet. Als Betonverflüssiger kommen hauptsächlich Nonylphenol-Äthylenoxid-Addukte infrage, wobei die Produkte mit höherem Äthylenoxid-Gehalt, Luftporenbeton bilden, dagegen die Produkte mit niedrigerem Gehalt, z. B. Nonylphenoltetraglykoläther, einen Beton ohne Luftporen ergeben (79). Auch Alkylarensulfonate und Ligninsulfonate werden als Betonzusatzmittel genannt. Als Hydrophobiermittel für Beton und Zement soll Bariumstearat gute Eigenschaften zeigen. Zum Schutz von Holz gegen Pilze und Insekten wird ein Gemisch aus Insektiziden, Lösungsmitteln und nichtionogenen Tensiden vorgeschlagen.

Um ein Festhaften des Betons an Verschalungsbrettern zu verhindern, bestreicht man sie mit Schalölen. Es sind dies Ölemulsionen, die aus billigen Ölen bestehen und ca. 5–8 % eines nichtionogenen oder anionaktiven Emulgators enthalten (s. a. (80)).

Im Bergbau verwendet man zur Verhinderung von Kohlenstaubexplosionen und zum Binden von Steinstaub Calciumchloridpasten, mit denen man den Ausbau und das Gestein bestreicht. Zur besseren Benetzung werden auch hier grenzflächenaktive Substanzen, meist nichtionogene Tenside auf Alkylphenol-Äthylenoxid-Addukt-Basis, eingesetzt. Man erzielt so ein besseres Haften des schon vorhandenen und ein Festkleben des sich niederschlagenden Staubes.

8.17. Brandbekämpfung

In der Brandbekämpfung werden heute Schaumfeuerlöscher in großem Maße verwendet. Die Löschmittel enthalten als oberflächenaktive und schaumbildende Substanzen vor allem Fettsäureester mit Eiweißabbauprodukten und anderen makromolekularen Stoffen. Leichtschaum wird mit Alkylsulfat und Alkyläthersulfat als Natrium- und Magnesiumsalz erzeugt. Neuerdings gibt man auch dem Löschwasser Tenside zu, um vor Feuer zu schützende Gebäudeteile möglichst schnell mit einer Wasserschicht zu benetzen oder abzudecken (81).

8.18. Sonstige Anwendungen grenzflächenaktiver Substanzen

Kationaktive Tenside kann man zur Flockung anionischer hartnäckiger Emulsionen benutzen. Derartige Emulsionen liegen oft in Abwässern vor. Zur Vorreinigung von Abwässern versetzt man diese mit kationaktiven Tensiden, um im Abscheider eine bessere Trennung zu erzielen.

Auch für die Reinigung von Trinkwasser kann man die Filter (Diatomeenerde, Aktivkohle, Sand, Asbest, Fullererde) mit kationaktiven Verbindungen überziehen. Bakterien und pathogene Keime werden so aus dem Wasser entfernt. Dies spielt für Gebiete eine Rolle, in denen man Wasser nicht aus Tiefbrunnen gewinnen kann.

In der Druckerei- und Reproduktionstechnik finden Tenside immer mehr Eingang als Druckfarbenzusätze, für Farbbänder und Kohlepapier sowie als Zusatz in Ätzflüssigkeiten für Photogravurplatten (82).

8.19. Aussichten für die weitere Entwicklung der Tenside

Tenside sind in fast allen Bereichen der Technik und des täglichen Lebens wichtig. Leider ist über die Aufteilung der Gesamtproduktion nur sehr wenig bekannt. Der Hauptverbraucher ist nach wie vor mit einem Anteil von über 50 % die Wasch- und Reinigungsmittelindustrie, ihr dürfte die Textilindustrie folgen. Ein erheblicher Teil der Tenside geht in die Erdölindustrie, die z. B. in den USA 20 % der Gesamtproduktion verbraucht.

Auch der Verbrauch an Wasch- und Reinigungsmitteln kann nur geschätzt werden, jedoch lassen sich hier schon einige genauere Werte angeben. In der Bundesrepublik Deutschland betrug der Verbrauch an Wasch- und Reinigungsmitteln 1948 nur 360 000 t mit einem Seifenanteil von 20 % und stieg bis zum Jahr 1968 auf fast 938 000 t mit einem Seifenanteil von 13 % (Abb. 64) s. a. (83).

8.19. Aussichten für die weitere Entwicklung der Tenside

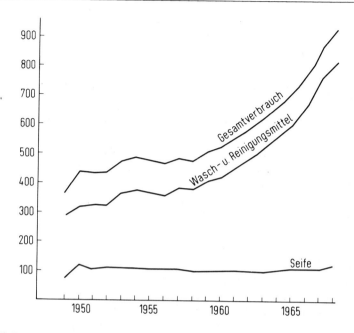

Abb. 64. Produktion von Seifen und synthetischen Waschmitteln in der Bundesrepublik Deutschland (in 1000 t)

In der Weltproduktion stehen immer noch die Fettsäureseifen an der Spitze, da die wenig industrialisierten Länder immer noch erheblich mehr Seife als synthetische Waschmittel verbrauchen. Die Weltproduktion an synthetischen Waschrohstoffen wurde 1966 auf 2 320 000 t geschätzt, von denen 10 % nicht-ionogene Tenside sein dürften. Der Anteil an Alkylbenzolsulfonaten soll nach *Hagge* (84) ca. 75 % betragen. Nach anderen Schätzungen dürfte er 10—15 % niedriger sein. Der Anteil der Fettalkoholsulfate wird zwischen 10 und 20 % liegen (85).

Die Produktion an konfektionierten Waschmitteln betrug 1962 4,5 Mio t und stieg 1965 auf 5,5 Mio t, nahm also um 20 % zu. Seit 1959 hat sich der Verbrauch an Waschmitteln fast verdoppelt.

Die im 2. Weltkrieg noch als „Ersatzstoffe" angesehenen synthetischen Waschrohstoffe haben ständig an Bedeutung gewonnen und sind heute längst keine Ersatzstoffe mehr. Die Entwicklung ist nach 40 Jahren Tensidchemie noch keinesfalls abgeschlossen; es bleibt abzuwarten, was uns die Zukunft auf dem Tensidgebiet noch bringen wird.

8.20. Literatur

[1] R. A. Guenther u. M. L. Victor, Ind. Engng. Chem. Product Res. Developm. *1*, 165 (1962).
[2] K. Lindner: Tenside, Textilhilfsmittel, Waschrohstoffe, Wissenschaftl. Verlagsges., Stuttgart 1964, 2. Aufl., S. 1289.
[3] H. Stüpel: Synthetische Wasch- und Reinigungsmittel. Konradin-Verlag, Stuttgart 1954.
[4] G. Gawalek: Wasch- und Netzmittel, Akademie-Verlag, Berlin 1962.
[5] R. Zweidler, Textilveredlung *4*, 75 (1969).
[6] E. Jury, Tenside *2*, 209 (1965).
[7] H. Stache, Seifen-Öle-Fette-Wachse *92*, 123 (1966).
[8] A. Faulhaber, Seifen-Öle-Fette-Wachse *87*, 785 (1961).
[9] O. Pfrengle u. Ch. Pietruck, Fette-Seifen-Anstrichmittel *65*, 57 (1963).
[10] O. Pfrengle, Tenside *2*, 146 (1965).
[11] H. Zielske, Seifen-Öle-Fette-Wachse *94*, 628 (1968).
[12] B. Waeser, Seifen-Öle-Fette-Wachse *95*, 123 (1969).
[13] M. Schwarz, Seifen-Öle-Fette-Wachse *95*, 128 (1969).
[14] J. C. Hoogerheide, Fette-Seifen-Anstrichmittel *70*, 743 (1968).
[15] J. S. Thompson, Seifen-Öle-Fette-Wachse *93*, 339 (1967).
[16] K. Disch, Fette-Seifen-Anstrichmittel *70*, 675 (1968).
[17] H. Hoffmann, Seifen-Öle-Fette-Wachse *92*, 925 (1966).
[17a] DAS 1 178 968 (1963), Böhme-Fettchemie.
[18] W. Bernard: Appretur der Textilien. Springer, Berlin 1967.
[19] M. Peter: Grundlagen der Textilveredlung. Dr. Spohr-Verlag, Wuppertal, 1964.
[20] E. Krahn, SVF Fachorg. Textilveredl. *13*, 368 (1958); Chem. Zbl. *1960*, 14559.
[21] H. Frotscher: Chemie und physikalische Chemie der Textilhilfsmittel. VEB-Verlag Technik, Berlin 1955, Bd. 2, S. 19.
[22] H. Hansen, DRP 720 775 (1937), I.G. Farbenindustrie; Chem. Zbl. *1942*, II, 2103; O. Lind, US-Pat. 2 141 189 (1938), Henkel; Chem. Abstr. *33*, 2738 (1939); A. Rooseboom, Canad. Pat. 382 353 (1937), Shell; Chem. Zbl. *1939*, II, 4618.
[23] H. Barth, W. D. Heinz u. H. Mugele, Fette-Seifen-Anstrichmittel *68*, 48 (1966).
[24] F. Dambacher, Tenside *5*, 166 (1968).
[25] H. Manneck, Seifen-Öle-Fette-Wachse *83*, 743 (1957).

8.20. Literatur

[26] E. Elöd, K. Götze u. H. Rauch, Reyon, Zellwolle, andere Chemiefasern *5*, 321, 626, 680, 751, 818 (1955).
[27] W. J. Alexander u. R. D. Kross, Ind. Engng. Chem. *51*, 535 (1955).
[28] Ullmanns Encyklopädie der technischen Chemie. 3. Aufl., Urban u. Schwarzenberg, München 1967, Bd. 18, S. 149.
[29] G. Otto: Das Färben des Leders. E. Roether-Verlag, Darmstadt 1962.
[30] A. Chwala, Tenside 4, 69 (1967).
[31] E. Götte, Tenside *4*, 209 (1967).
[32] H. Tronnier, Seifen-Öle-Fette-Wachse *93*, 953 (1967); *91*, 104 (1965).
[33] G. Schuster, H. Modde u. E. Scheld, Seifen-Öle-Fette-Wachse *91*, 477 (1965); G. Schuster u. H. Modde; Parfümerie u. Kosmet. *45*, 337 (1964).
[34] R. Riso, Seifen-Öle-Fette-Wachse *90*, 815 (1964).
[35] H. Hoffmann, Parfümerie u. Kosmet. *39*, 856 (1958).
[36] H. Tronnier u. R. Krattner, Parfümerie u. Kosmet. *49*, 279 (1968).
[37] G. T. Walker, Seifen-Öle-Fette-Wachse *91*, 131 (1965).
[38] G. T. Walker, Seifen-Öle-Fette-Wachse *90*, 81 (1964).
[39] H. Manneck, Seifen-Öle-Fette-Wachse *88*, 133 (1962).
[40] H. Hoffmann, Fette-Seifen-Anstrichmittel *65*, 748 (1963).
[41] A. K. Epstein u. M. Katzmann, US-Pat. 2 236 530 (1941); Chem. Abstr. *35*, 4521 (1941).
[42] F. Andreas u. J. Franke, Tenside *3*, 419 (1966).
[43] G. A. Nowack, Seifen-Öle-Fette-Wachse *94*, 475 (1968).
[44] H. Schuller, Tenside *2*, 83 (1964)
[45] H. H. Goodman jr. u. L. T. Sherwood, DAS 1 230 219 (1956), Du Pont; Chem. Zbl. *138*, 36—2737 (1967); Tenside *4*, 83 (1967).
[46] F. Dambacher, Tenside *5*, 303 (1968).
[47] D. D. Gagliari, DAS 1 226 298 (1962); Tenside *4*, 53 (1967).
[48] N. Schönfeldt: Oberflächenaktive Anlagerungsprodukte des Äthylenoxids. Wissenschafl. Verlagsges., Stuttgart 1959, S. 285—289.
[49] Ullmanns Encyklopädie der technischen Chemie. 3. Aufl., Urban u. Schwarzenberg, München 1956, Bd. 7. S. 812.
[50] H. Hadert, Seifen-Öle-Fette-Wachse *94*, 519 (1968).
[51] W. Strauß, Tenside *3*, 144 (1966).
[52] Ullmanns Encyklopädie der technischen Chemie. 3. Aufl., Urban u. Schwarzenberg, München 1951, Bd. 1, S. 667.
[53] P. R. L. A. Lohste u. G. G. Cousserans, DAS 1 233 342 (1965); Tenside *4*, 151 (1967).
[54] H. Schubert u. H. Baldauf, Tenside *4*, 172 (1967).
[55] E. Wottgen, Tenside *4*, 405 (1965).

8. Technische Anwendung der grenzflächenaktiven Verbindungen

[56] E. Wottgen, Tenside 4, 248 (1967).
[57] J. N. Plaksin, Tenside 2, 61 (1965).
[58] A. M. Schwartz u. I. W. Perry: Surface Active Agents. Interscience, New York 1949, S. 467.
[59] E. Rabald, Werkstoffe u. Korrosion 6, 368 (1954).
[60] Ullmanns Encyklopädie der technischen Chemie. 3. Aufl., Urban u. Schwarzenberg, München 1958, Bd. 10, S. 676.
[61] A. M. Schwartz, I. W. Perry u. J. Berch: Surface Active Agents and Detergents. Interscience, New York 1968, Bd. II, S. 708.
[62] Ullmanns Encyklopädie der technischen Chemie. 3. Aufl., Urbanu. Schwarzenberg, München 1955, Bd. 6, S. 569.
[63] E. R. Barnum u. F. W. Zublin, US-Pat. 2 371 207 (1945), Shell; Chem. Abstr. 39, 3246 (1945); L. H. Howland u. W. P. Terhorst, US-Pat. 2 308 282 (1943); Chem. Abstr. 37, 3398 (1943).
[64] A. M. Schwartz, I. W. Perry u. J. Berch; Surface Active Agents and Detergents. Interscience, New York 1968, Bd. II, S. 705.
[65] F. Schmeling u. B. Höfling, DAS 1 234 646 (1964), Dt. Schachtbau; Tenside 4, 198 (1967).
[66] J. H. Prusick, Oil Gas J. 50, Nr. 14, S. 97, 101 (1951).
[67] F. Dambacher, Tenside 5, 109 (1968).
[68] H. Baumann: Leime und Kontaktkleber. Springer, Berlin 1967, S. 305.
[69] H. Hadert, Seifen-Öle-Fette-Wachse 93, 139 (1967).
[70] E. J. Fox et al., Farm Chemicals 117, 43, 45, 47 (1954); 116, 16 (1953).
[71] G. S. Hartley, DAS 1 180 567 (1960), Fison Pest, Chem.Zbl. 136, 47–2143 (1965).
[72] H. Bertsch, F. Püschel u. E. Ulsperger, Tenside 2, 397 (1965).
[73] G. F. Giannisi, Tenside 2, 40 (1965).
[74] J. Schormüller, III. Int. Kongress für grenzflächenaktive Stoffe, Köln 1960, Verlag der Universitätsdruckerei Mainz 1963, Bd. 4, S. 550.
[75] K. G. Ludwig u. W. C. Gakenheimer, Fette-Seifen-Anstrichmittel 70, 567 (1968).
[76] A. A. Andre u. H. B. Sweringen, DAS 1 193 896 (1963), Procter and Gamble; Tenside 2, 305 (1965).
[77] O. Dobozy, Tenside 3, 231 (1966); 5, 340 (1968).
[78] H. Kraus u. H. Kleinert, Tenside 5, 336 (1968).
[79] H. G. Ritt u. G. Lorentz, DAS 1 185 971 (1959), Hoechst; Chem. Zbl. 136, 39–2386 (1965).
[80] F. Dambacher, Tenside 5, 24 (1968).
[81] F. Püschel, Tenside 4, 1 (1967).

8.20. Literatur

[82] F. Dambacher, Tenside *5*, 50 (1968).
[83] H. Manneck, Seifen-Öle-Fette-Wachse *93*, 981 (1967); s. auch *95*, 737 (1969).
[84] W. Hagge, Fette-Seifen-Anstrichmittel *69*, 205 (1967).
[85] Ullmanns Encyklopädie der technischen Chemie. 3. Aufl., Urban u. Schwarzenberg, München 1967, Bd. 18, S. 317.

9. Sachregister

A

Abbau, biologischer 6, 145
Abkochen 160
Abwasserreinigung 148, 182
Acylamidsulfonate 70
Acylaminoalkansulfonate 70
Acylestersulfonate 68
Acyloxyalkansulfonate 68
Acylpolyglykoläther 95
Adsorption 17
Adsorptionschromatographie 132
Äquivalentleitfähigkeit 15
Äthersulfate 76, 173
Äthylendiamin 100
Äthylendiamintetraessigsäure 155
Äthylenoxidaddukte 83, 125, 172, 176
Agglomerat 27
Aggregation 17
Alkansulfonate 52 ff, 175
Alkensulfonate 63
Alkenylbernsteinsäurehalbester 169
Al-Alkylverbindungen 5, 37
Alkylarylsulfonate 6, 35 ff, 45, 51, 147, 149, 154, 158, 173
Alkylbenzol 35
Alkylbenzolisomere 39
Alkylbenzolsulfonate 6, 35 ff, 45, 147, 149, 154, 168, 173
Alkylbenzolsulfosäure 41, 44
Alkylierung von Benzol 35
  mit $AlCl_3$ 36
  mit HF 39
Alkylnaphthalinsulfonate 51
Alkylphenolpolyglykoläther 94
Alkylphenolpolyglykoläthersulfat 81

Alkylpolyglykoläther 87, 154, 173
Alkylpolyglykoläthersulfat 80
Alkylsulfate 72, 125, 173, 175
Alkylsulfonylacetylperoxid 61
Aluminiumorganische Synthese 37
Amidosulfonsäure 81
Aminoxide 101, 125, 169
Aminverbindungen 98, 114, 173
Aminophosphorsäureverbindungen 118
Ammonseifen 110
Ampholyte 117, 170
Amphotenside 117, 170
Analysentrennungsgang, qual. 124
Analytik 123
Anionenaustauscher 134
Aniontenside 170, 35 ff
Antischaummittel 154
Antistatische Wirkung 163
Anwendung der Tenside 153
Arylsulfonate 125
Asphaltzusatzmittel 181
Aufheller, optischer 155
Aufrahmung 26
Auskochmethode 128
Autonachspülmittel 160
Autopolitur 160
Avivagen 163

B

Badepräparate 169
Ballestra-Verfahren 42
Bauhilfsstoffe 180
Baumwolle, Reinigung von 160
Bautenschutzmittel 180
Beads 155

Beizen 173
Belebtschlamm-Labortest 145
Benetzen 14, 25
Benetzungsspannung 25, 28
Bergbau 180
Betaine 121
Beton 181
Betonverflüssiger 181
Beuchhilfsmittel 161
Biologischer Abbau 6, 145
   anionaktive Tenside 146
   nichtionogene Tenside 149
Bleichhilfsmittel 162
Blockpolymere 98
Bohrhilfsmittel 172
Brandbekämpfung 182
Buntwaschmittel 157
Butanol-HCl-Methode 128
Butyldiglykol 138
Butyldiglykol, sulfatiert 161

C
Canevas-Plättchen-Methode 74
Carboxylate (Seifen) 107, 125, 175 ff
Carboxymethylcellulose (CMC) 33, 155
Carbonisieren 163
Carrier 165
Chemische Reinigung 165
Chemithon-Verfahren 41
Chelate 154
Chlorierung 38
Chlorparaffin 38, 164
Chrompflegemittel 160

D
Dehydratation 86
Dehydrochlorierung 38
Desinfektionsmittel 114, 170, 180

Detergentiengesetz 145
Dialkylnaphthalinsulfonate 51
Diglyceride 179
Dimethyldodecylamin 101
Dimethyldodecylbenzylammonium-
   chlorid 114
Dismulgatoren 176
Dispergierwirkung 27
Dispersion 27
Disulfochloride 58 ff
Dixanthogenat 175
Doppelschicht 30
Druckereitechnik 182
Druckfarben 171
Dünnschichtchromatographie 133

E
Egalisiermittel 164
Egalisierwirkung 98
Einbrennlacke 171
Einebnungsmittel 173
Einfettöle 172
Eiweiß-Fettsäure-Kondensations-
   produkte 168
Elektrostatische Abstoßung 20
Elektrostatische Aufladung 163
Elektrokinetisches Potential 17
Elektrolytbeständigkeit 27
Elektroneutralverbindungen 120
Eluieren 134, 135
Eluiermittel 135
Emulgatoren
   für Erdölverarbeitung 176
   für Kosmetik 179
   für Kraftfahrzeugreinigung 159
   für Lebensmittel 179
   für Lederindustrie 169
   für Polymerisation 170
   für Textilindustrie 161, 163

9. Sachregister

Emulgiervermögen 25
Emulsionen 26, 27
Emulsionspolymerisation 170
Entwachser 159
Entfetten 173
Entölungsgrad 176
Enzyme 157
Epton, Titration nach 127
Erdöl 176

F

Fallfilmreaktor 66
Färben 164
Färbebeschleuniger 164
Färbeöl 4
Farbmessung 136
Faserraffinität 164
Feinwaschmittel 157
Feinstruktur 85
Fettalkohol-Äthylenoxid-Addukte 162, 163, 165
Fettsäurealkylolamide 96, 169
Fettsäureamid-Äthylenoxid-Addukte 162, 165
Fettaminpolyglykoläther 98, 173
Filmdruckverfahren 165
Fischverträglichkeit 150
Flaschenreiniger 159
Flotation 174
Fluortenside 8, 153
Flushen 171
Formentrennmittel 172
Fußbodenreiniger 158

G

Galvanisierbäder 173
Galvanotechnik 173
Gaschromatographie 133
Gebrauchswertbestimmung 136
Gegenstromtrocknung 156
Gelbildungsvermögen 109
Gelierungstemperatur 139
Geschichte der Tenside 3 ff
Geschirrspülmaschinenmittel 158
Gesichtscreme 170
Gibb'sche Gleichung 13
Glanzmittel 173
Gleichgewichtsrandwinkel 23
Gleichstromtrocknung 156
Glyceride 125
Glycerindifettsäureester 179
Glycerinmonofettsäureester 179
Goldzahl-Methode 28
Grenzflächenaktivität 1
Grenzflächenenergie 24
Grenzflächenkonzentration 13
Grenzflächenspannung 15, 23

H

Haarwaschmittel 169, 170
Harnstoff-Additions-Verbindungen 6
Härteöl 172
Hartwasserbeständigkeit 137
Hautverträglichkeit 167
Hazen-Farbzahl 137
Heißsprühverfahren 156
Heteropolysäuren 129
Hydratation 7
hydrophil 3
Hydrophilie 96
hydrophob 3
Hydrophobierung 110, 181
Hydroxyalkansulfonate 63
Hydroxyalkylfettsäureamide 96, 169

I

Igepon 68, 72, 168
Imidazolinderivate 181

Imprägnierung 164
Indanderivate 39
Infrarotabsorption 131
Injectionswasser 176
Ionenaustausch 134
Isaethionsäure 68
Isopropanolaminseifen 110
Jodfarbzahl 137

K
Kaliseifen 110
Kalkmörtel 181
Kaltbitumen 181
Kaltreiniger 159
Kaltsprühverfahren 157
Kaskadenchromatographie 132
Kationaustauscher 134
Kationaktive Verbindungen 112, 170, 178, 180
Kationtenside 112, 170, 178, 180
Kautschukklebstoffe 178
Kernresonanzspektroskopie 132
Kernschlichten 161
Kernseifen 111
Kettenteilung 48
Klarschmelzpunkt 138
Kläranlagen 148
Klebstoffe 177
Koacervierung 179
Koagulation 27, 170
Kolloidelektrolyt 27, 113
Kolloidmicelle 109, 113
Komplexphosphate 154
Kontaktschwefelsäure-Verfahren 42
Korrosion 176
Kosmetik 167
Kraftfahrzeugreiniger 159
Kugelschaum 30, 31
Kunststoffindustrie 170

L
Lacksektor 171
Lagerungsverhalten 139
Lamellenblase 33
Landwirtschaft 178
Latex-Farben 171
Latexschäume 171
Laugieren 163
Laurylsulfat 167
Lebensmittel 179
Lederindustrie 166
Leichtschaum 182
Leimniederschlag-Verfahren 111
Leimseifen 111
Lichtwasser-Verfahren 62
Lickeröle 166
Loschmidt-Zahl 26
Lovibond-Farbzahl 137
Luftporenbeton 181

M
Mäanderkette 85
Mantelschlichten 161
Margarine 179
Marlicansulfosäure 44
Marlophen 101
Marlox 99
Marseillerseife 112
Massenspektroskopie 131
Medizin 180
Mercerisierung 162
Mersol 58, 60
Mersolat 60
Metallbearbeitung 172
Metallreinigung 172
Metallschutz 175
Metalltrocknung 172
Methyltauride 168
Methylenblau-Methode 128

9. Sachregister

Micellbildungskonzentration 13
Mischbettaustauscher 134
Mischer 157
Mischtrommeln 157
Molex-Verfahren 38
Molsiebe 7, 38
Monochlorparaffin 38
Monoglyceride 179
Monoglyceridsulfonate 69
Monosulfochloride 58
Monosulfonsäuren 60
Mundwasser 170, 180

N
Nachspülmittel 160
Nachsulfierzeit 41
Naßechtheit 164
Natriumalkansulfonate 54
Natriumisocyanurat 158
Natriumperborat 155
Natronseifen 107
Nebel 27
Nekale 6
Netzkraft 24
Netzmittel für Galvanotechnik 173
Netzvermögen 48, 141
Neutralisation 42
Neutralöl 42, 58
Neutralseifenmolekül 109
Neutralseifenteilchen 109
Nichtionogene Tenside 83, 168
Nitrilotriessigsäure 155
Nonylphenol-Äthylenoxid-Addukte 94, 162

O
Oberflächenaktivität 14
Oberflächendruck 14
Oberflächenfilm 14

Oberflächenspannung 13
Olefinsulfonate 63
Ölsäurechlorid 68
Oniumverbindungen 115
Optische Aufheller 155
Organophilie 87, 96
Osmotischer Druck 14
O/W-Emulsion 26, 96, 176
Oxäthylierungsgrad 93
Oxoalkohole 5

P
Paradontose 170, 180
Papierchromatographie 133
Papierindustrie 177
Paraffinoxidation 109
Penetrationsmittel 177
Peptisierung 28
Perborat 155
Perfluoralkansulfonsäure 8
Peroxoborat 155
Peroxosulfonsäuren 61
Pflanzenschutz 178
Phenylalkane 35, 39, 149
Phosphate 154
Phosphinoxide 104
Phosphorwolframsäure 129
Photoindustrie 180
Physikal. analyt. Methoden 131 ff
Plastizität 138
Plastograph 138
Plattenkühlmaschine 111
Pluronics 8, 99, 158
PO-Addukte 125
Poisson-Verteilung 92
Polierpasten 172
Polyadditionsprodukte (ÄO/PO) 98, 158
Polyederschaum 31

Polyglykoläther 83
Polymerisation 170
Polyoxoniumsalz 86
Polypropylenoxid 99
Polysulfochlorid 58
Praeparieren 163
Propylenoxid 99
Pyridinium-Verbindungen 115

R
Randwinkel 23
Rauch 27
Reaktivfarbstoffe 164
Re-aggregation 27
Reizwirkung 168
Reibechtheit 165
Reineckesalz 129
Reibschaummethode 140
Reinigen von
  Teppichen 159
  Kraftwagen 159
Reinigung, chemische 165
Reinigungsmittel 153, 158
Reinigungsvermögen 139
Reinigungsvorgang 24
Restwascharbeit 23
Reproduktionstechnik 182
Retardierwirkung 98, 164
Ringsulfonierung 81
Rizinolsäuresulfat 4
Rohfaserreinigung 160
Röntgenbeugung 131
Rostschutzanstrich 171, 175

S
Saccharosemonoester 105
Sammler 174
Säulenchromatographie 132
Schädlingsbekämpfung 178

Schäumen 29
Schalöle 181
Schaum 27, 31
Schaumbremser 154
Schaumprüfmethoden 140
Schaumstabilisatoren 97, 154
Schaumvermögen 31, 140
Schleiföl 172
Schlichten 161
Schmälzen 161
Schmieröl 176
Schmierseife 111
Schmutztragevermögen 32, 155
Schneidöl 172
Schutzkolloide 170
Schutzkolloidwirkung 27
Secundäremulsion 26
Sedimentationsgeschwindigkeit 26
SEF-Wert 168
Seifen (Carboxylate) 107
Seifenherstellung 111
Silicium-Tenside 9
Silikate 154
Slurry 155
Solubilisation 24
Sorbitfettsäureester 179
Spinnbadzusatzmittel 166
Spinndüsen 166
Spreiten 14
Sprühmischer 157
Sprühtrocknung 155
Sprühturm 156
Spülmittel 158
Standardanschmutzung 139
Stärkederivate 161
Startmolekül 89
Staufferfett 177
Straßenbau 181
Sulfacyl-Tenside 69

Sulfatierung 4, 72
Sulfierreaktor 42
Sulfobernsteinsäureester 69, 159, 165, 169, 178
Sulfochloride 58
Sulfochlorierung 5, 53, 57, 59
Sulfocarbonsäuren 69, 171
Sulfonierung 5, 39
Sulfosuccinate 69, 159, 165, 169, 178
Sulfoxide 104
Sulfoxydation 5, 53, 58, 60
Sultone 63, 65
Suppositoren 180
Suspension 27

T
Tauride 70, 168
Tegobetain 118, 178
Tenside 1
Teppichreiniger 159
Tergitol 99
Terpenalkohole 175
Terpineol 175
Tetralinderivate 39
Tetrapropylen 37
Tetrapropylenbenzol 37
Tetrapropylenbenzolsulfonat 6, 147
Tetronics 100
Textilausrüstung 164
Textilhilfsmittel 160
Textilweichmacher 163
Toluidin-hydrochlorid 127
Traube'sche Regel 13
Trialkylnaphthalinsulfonat 51
Trinkwasserreinigung 182
Trübungspunkt 85, 86, 137
Trübungspunkttitration 128

U
Ultraviolettabsorption 131
Umnetzung 22
Umwälzkreislauf 42
Unterlaugeverfahren 111

V
Van der Waal'sche Kräfte 48
Verbrauch von Waschmitteln 182
Verdickungsmittel 165
Verteilung 92
Verteilungschromatographie 132
Vinylharzkleber 177
Viskoseherstellung 166
Viskosität v. Emulsionen 138
Vorwaschmittel 157
Vulcanisationsbeschleuniger 171

W
Walken 162
Walzöle 172
Wascharbeit 22
Waschmittel, Verbrauch von 182
Waschpulver-Herstellung 155
Waschvermögen 139
Waschvorgang 24
Wasserglas 154
Wasserhärte 73, 137
Wäschereiseifen 112
WC-Reiniger 158
Weißgradmesser 140
Weltproduktion von Waschmitteln 11, 183
Weltproduktion von Waschrohstoffen 183
Wirtschaftliche Bedeutung von Tensiden 11
W/O-Emulsion 26, 96, 176, 179

X
Xanthogenate 166, 175

Z
Zahnpaste 170, 180
Zellglas 166
Zellstoffgewinnung 166, 177
Zeugdruck 165
Zickzack-Kette 85
Ziegler-Alkohole 5
Ziehöle 172
Zweisäulen-Verfahren 135
Zuckerester 105, 165, 169